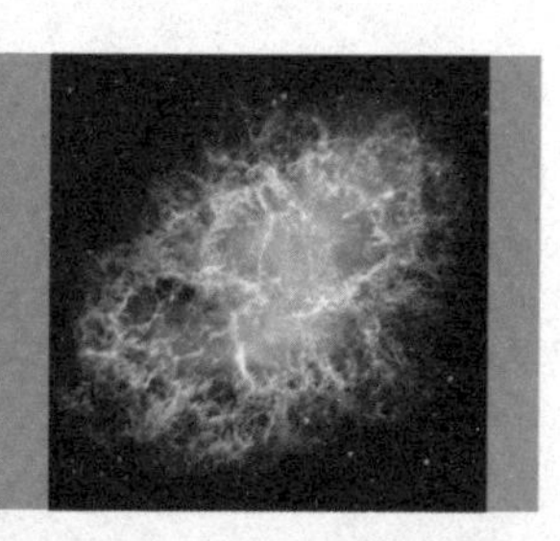

QUWEI KEXUE
趣味科学

主编/魏红霞
编者/郑丽萍

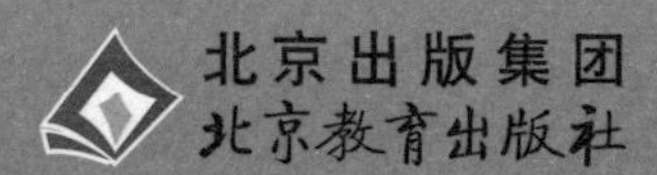

阅读成就梦想 学习改变未来

亲近阅读，分享快乐，爱上读书

全国名校语文特级教师隆重推荐

闫银夫 《语文报》小学版主编

每个孩子都是拥有双翅的天使，总有一天他们会自由地飞翔在蓝天之上。这套书是让孩子双翅更加有力、助推他们一飞冲天的营养剂。

王文丽 全国优秀教师　北京市特级教师
北京市东城区教育研修学院小学部研修员

好的书往往能让孩子在阅读中发现惊喜和力量。这套书就是专门为孩子量身定制的，它既有丰富的知识性，又能寓教于乐，让孩子感受到学习的快乐！

薛法根 全国模范教师　江苏省著名教师
江苏省小学语文特级教师

多阅读课外书，不仅能使学生视野开阔，知识丰富，还能让他们树立正确的价值观。这套书涉猎广泛，能使学生在阅读的过程中得到多方面发展。

武凤霞 特级教师
河南省濮阳市子路小学副校长

本套丛书从学生的兴趣点着眼，内容上符合学生的阅读口味。更值得一提的是，本套丛书注重学生的认知与积累，有助于提升孩子的阅读能力与写作能力。

张曼凌 全国优秀班主任　吉林省骨干教师

这套书包含范围广泛，内容丰富，形式多样，能满足不同学生的阅读兴趣，拓展学生的知识面。

本套丛书以提高学生学习成绩、提升学生思维能力、关注学生心灵成长等多方面发展为出发点，精心编写，内容包罗广泛，主要分为五大系列：

爱迪生科普馆

—— 体验自然，探索世界，关爱生命

这里有你不可不知的百科知识；这里有你想认识的动物朋友；这里有你想探索的未解之谜。拥有了这套书，你会成为伙伴中的“小博士”。

少年励志馆

—— 关注心灵，快乐成长，励志成才

成长的过程中，你是否有很多烦恼？你是否崇拜班里那些优秀的学生，希望有一天能像他们一样，成为老师、父母眼里的佼佼者？拥有这套书，男孩更杰出，女孩更优秀！

开心益智馆

—— 开动脑筋，启迪智慧，发散思维

每日10分钟头脑大风暴，开发智力，培养探索能力，让你成为学习小天才！

小博士知识宝库

—— 畅游学海，日积月累，提升成绩

这是一个提高小学生语文成绩的好帮手！这是一座提高小学生表达能力的语言素材库！这是一套激发小学生爱上语文的魔力工具书！

经典故事坊

—— 童趣盎然，语言纯美，经典荟萃

这里有经典的童话集，内容加注拼音注释，让学生无障碍阅读，并告诉学生什么是真善美、勇气和无私。

图书在版编目（CIP）数据

趣味科学 / 魏红霞主编 . —北京：北京教育出版社，2015.1
（学习改变未来）
ISBN 978-7-5522-5145-6

Ⅰ . ①趣… Ⅱ . ①魏… Ⅲ . ①自然科学－青少年读物
Ⅳ . ① N49

中国版本图书馆 CIP 数据核字（2014）第 249740 号

学习改变未来

趣味科学

主 编 / 魏红霞

*

北 京 出 版 集 团 出版
北 京 教 育 出 版 社
（北京北三环中路 6 号）
邮政编码：100120
网 址：www. bph. com. cn
北 京 出 版 集 团 总 发 行
全 国 各 地 书 店 经 销
三河市嘉科万达彩色印刷有限公司印刷

*

720mm × 960mm 16 开本 17 印张 248 千字
2015 年 1 月第 1 版 2021 年 11 月第 10 次印刷

ISBN 978-7-5522-5145-6
定价：24.80 元

质量监督电话：（010）58572825 58572393
如有印装质量问题，由本社负责调换

目录 CONTENTS

第一章 宇宙太奇妙

第一节 这些可爱的大家伙们

第二节 去邻居们那儿旅行吧

第三节　那些独特的星体

第二章 和地球母亲的亲密接触

第一节　专为地球母亲举办的颁奖大会

第二节　给你爆点儿地球的小秘密

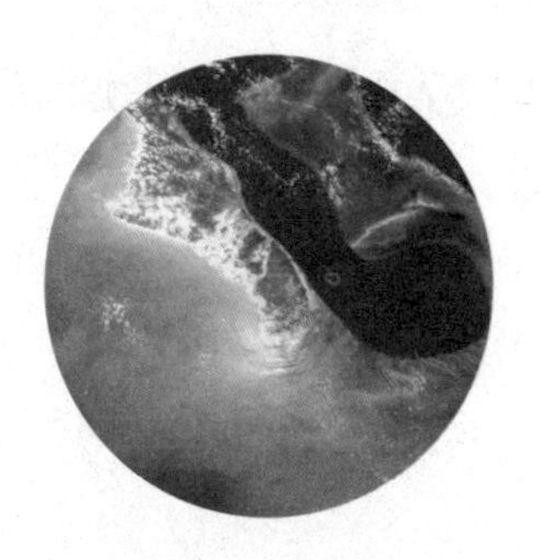

第三节 走访七大洲，寻找神奇秘境

第三章 一大波动物即将靠近

第一节 综艺频道——关注动物的精彩生活

第二节 探索频道——寻找最特别的动物

第三节 新闻频道——最新的动物信息

第四章 植物那些七七八八的趣事

第一节 植物王国大观

第二节 我们最熟悉的花花草草

第三节　小植物的大智慧

第五章　人体不得不说的那些事

第一节　来认识认识你自己

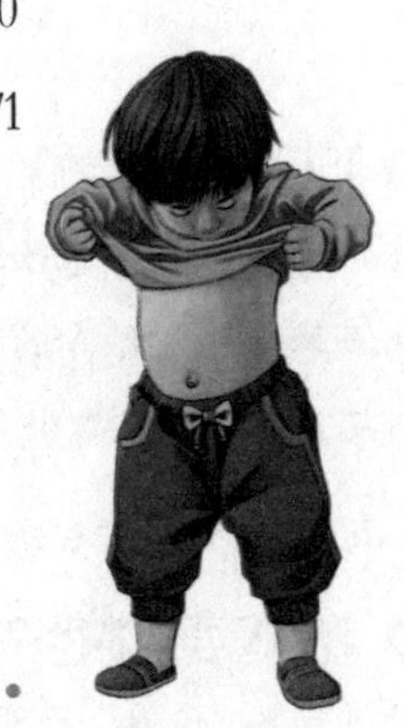

第二节　人体这座大工厂

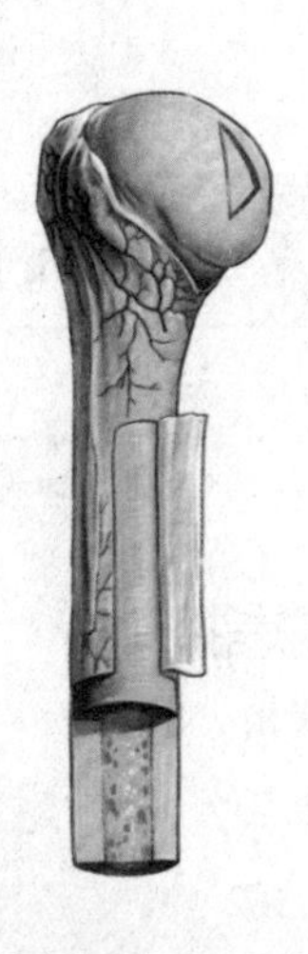

第三节 了不起的身体

第六章 微生物，大世界

第一节 无处不在的微生物

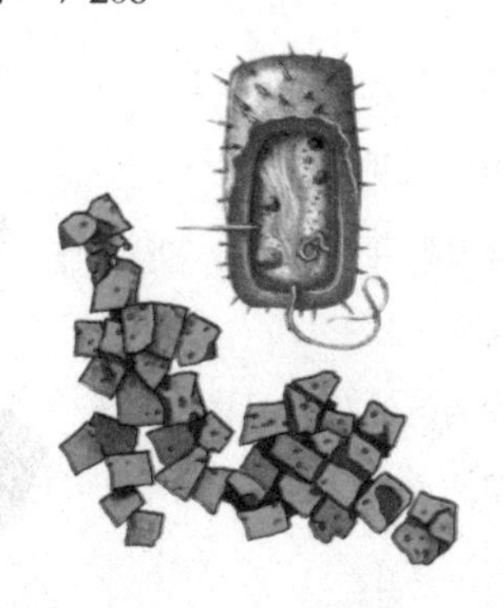

第二节　科技改变世界

第一章
宇宙太奇妙
一说起宇宙来，我们就会叹气：那么大的世界，我们这么小的脑袋，这么忙碌的学习，什么时候我们才能真正了解它……别急别急，今天，紧跟我们的步伐，跟我们一起去遨游宇宙，揭开宇宙的神秘面纱，近距离地认识一个可爱的、有趣的、意想不到的宇宙。

第一节 这些可爱的大家伙们

宇宙给你的第一印象一定是——大，大到你难以想象、无法言表……因为这不是一头大象、一座山、一个巨人就能相比的。不过，你知道吗？宇宙现在还在长大……

宇宙的第一次自我介绍

天体撞击

嘿，大家好，作为一个“老大”，我可没有吹嘘，这个世界上，我要说自己是老大，谁又能反驳呢！我包容万物，是时间和空间的统称，没有边际，没有尽头，还一直在发展，没有人可以左右我……不要认为我是在吹嘘，下面我会隆重地向大家介绍一下我自己，嘘，专注点儿，仔细看哟！

从粒子到宇宙

姓名

我的名字很有来历，古话说：“四方上下曰宇，往古来今曰宙。”“宇”是指无边无际的空间，“宙”是指无始无终的时间。小到我们身边的尘埃，大到几亿光年外的星系，宇宙无不包含。

体积

我很想和人类聊聊我的体积（人类关于此专业的术语应该是宇宙距离）。虽然目前人类想要获得精确的宇宙距离是一件不可能的事情，但是，人类的眼睛所能看到的地方，是可以计算的。人类看得最远的星系距离达到460亿光年。当然，这并不是一个精确的数据。因为我还在不停地“长大”——这种“膨胀”的速度甚至超过了光速！

宇宙一直在不停地膨胀

美丽的宇宙

奇思妙想

假设你把太阳无限缩小，让它变成你手中的一枚硬币，然后把它放在桌面上。此时，你能找到的最近的一颗恒星——不，一枚硬币，你知道此刻它在哪儿吗？在563千米外！相当于从上海到山东的距离。当然，你不要忘了，这仅仅是太阳和距离它最近的一颗恒星的距离。而太阳在宇宙中也不过是沧海一粟。

出生

宇宙的形成过程

大多数的小朋友都喜欢探讨自己到底是从哪儿来的这个问题，我也喜欢。我很遗憾，因为我不知道谁是我的妈妈——现代物理宇宙学的科学家们大多认为我起源于一场大爆炸。孕育我的是一个密度极大，温度极高，所有物质和能量都浓缩在一起的小体积的物质。当它膨胀到一定程度，就再也承受不住，于是爆炸了，我就这样诞生了！

最初，大爆炸使能量四散，物质只能以中子、质子、电子、光子和中微子等基本粒子形态存在。爆炸之后，我开始不断膨胀，导致温度和密度很快下降。随着温度降低、冷却，逐步形成原子、原子核、分子，并复合成为通常的气体。气体又逐渐凝聚成星云，星云进一步形成各种各样的恒星和星系，最终形成人类现在所看到的宇宙。

在宇宙中星系只不过是个小圆盘

年龄

我已经活太久太久了，我也不知道自己走过了多少年。当今人类通过科学推算和观测认为我的年龄在136~138亿年之间。这个不确定的区间是从多个科研项目的研究结果的共识中取得的，其中使用的先进的科研仪器和方法已经能够将这个测量精度提升到相当高的量级。根据2013年普朗克卫星所得到的最佳观测结果，宇宙大爆炸距今138.2亿年。嘿，小朋友们，现在你们知道了吧？我已经是一位超级爷爷了。

未来

未来是个值得深思的问题……小朋友们的未来是可以预料的，而我，现在没有人敢妄下定论。当人类无比敬重的伟大科学家爱因斯坦提出了广义相对论之后，人类觉得终于能够开始探索我的终极命运。但是广义相对论方程式有许多不同的解，每个解都意味着一种不同的终极命运。所以，有的科学家说我会一直膨胀下去；有的科学家说我最终会停止膨胀，逆转为收缩，最终形成与大爆炸相对的一个“大挤压”；还有的科学家说我膨胀到一定程度后就会稳定下来。我也期待知道自己的命运！

哈勃空间望远镜拍摄的宇宙一角

好了，啰啰唆唆介绍了这么久，我相信你们也多多少少地了解了我。我这个“老祖宗”就不再多说了，因为我的子子孙孙正踊跃着想要让小朋友认识它们呢！

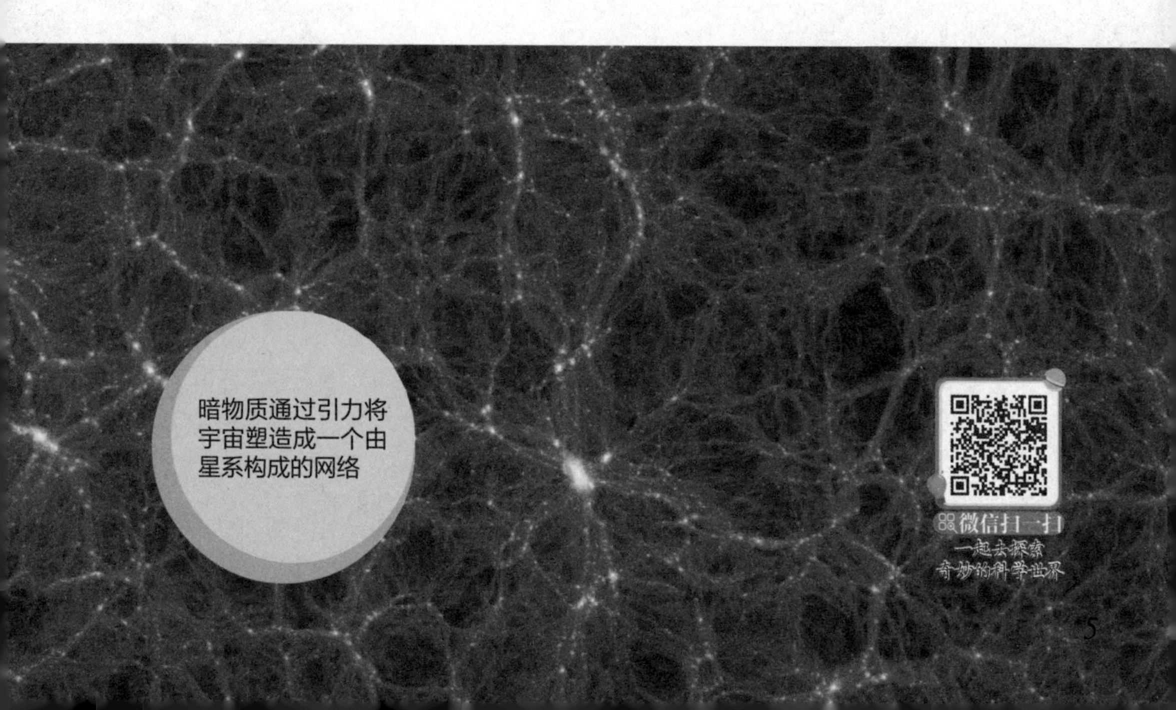

暗物质通过引力将宇宙塑造成一个由星系构成的网络

张开大口吞噬一切的黑洞

小黑洞，大“怪兽”

首先，你得知道——黑洞不是一个洞

黑洞是广义相对论所预言的，在宇宙空间中存在的一种质量相当大的天体。黑洞是由质量足够大的恒星在核聚变反应的燃料耗尽后，发生引力坍缩而形成的。黑洞的质量非常大，因此它的引力场也非常强，以至于任何物质和辐射都无法逃逸，就连传播速度最快的光（电磁波）也逃逸不出来。因为它不能反射光线，故名黑洞。

其次，你得了解了解人类发现黑洞的历史

人们为了寻找黑洞付出很多努力，成果却不多。20世纪70年代才找到4个黑洞候选者，90年代之后又发现6对新的X射线双星黑洞候选者，2000年后陆续探测出7个。有人估计过去100亿年中银河系平均每100年有1颗超新星爆炸，而每100颗爆炸的超新星中会有1颗形成黑洞，以此推算，那么银河系应该有100万个恒星级黑洞。可是，至2007年，人类也只找到17个黑洞候选者。美国宇航局于2010年11月15日发现一个年仅30岁的黑洞，这也是人类科学史上发现的最年轻的黑洞。当然这是唯一一个人类全程见证形成的黑洞，也是超新星爆炸能够形成黑洞的唯一的直接证据。

ZUI XIN BOBAO

最新播报

欧洲大型强子对撞机（Large Hadron Collider，简称LHC）被称为世界上规模最庞大的科学工程。它将利用高速粒子束相撞产生的巨大能量，重建“大爆炸”发生后的宇宙形态。然而欧洲和美国的反对人士分别向当地法院提出起诉，要求叫停或推迟这个项目，他们的理由是，LHC可能产生危险的粒子或者微型黑洞，从而毁灭整个地球。

2009年10月15日，《科学》杂志宣布，世界上第一个“人造黑洞”在中国东南大学实验室里诞生。不过，这个小型“黑洞”不仅不会毁灭世界，还能帮助人们更好地吸收太阳能。

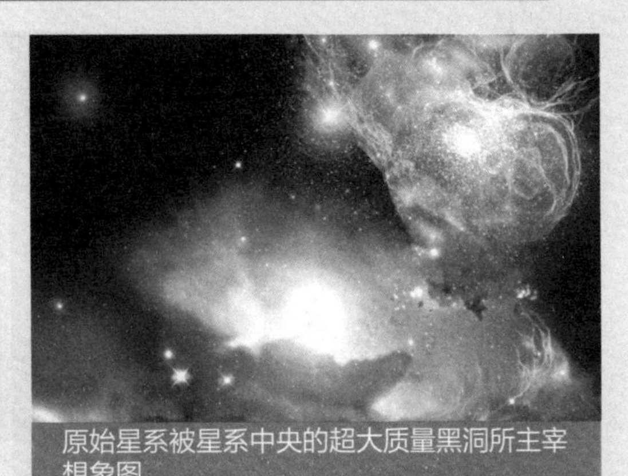

原始星系被星系中央的超大质量黑洞所主宰想象图

质量为太阳1万倍的超大质量黑洞种子

旋涡星系中心的超大质量黑洞

黑洞模拟图

嘿，你想知道一些黑洞的小秘密吗

黑洞的质量很大，目前发现的小型黑洞质量大多是太阳质量的10～20倍。绝大部分星系的中心，包括银河系，都存在超大质量黑洞，它们的质量从数百万个太阳大小直到数百亿个太阳大小。

恒星都是由炽热的气体组成的天体，那么由大质量的恒星核聚变反应后形成的黑洞，是不是还是这么热呢？事实恰恰相反，黑洞的温度取决于它的质量大小，质量越大的黑洞温度越低。你不用担心黑洞“霸占”宇宙，黑洞不是永生的，它也会灭亡。

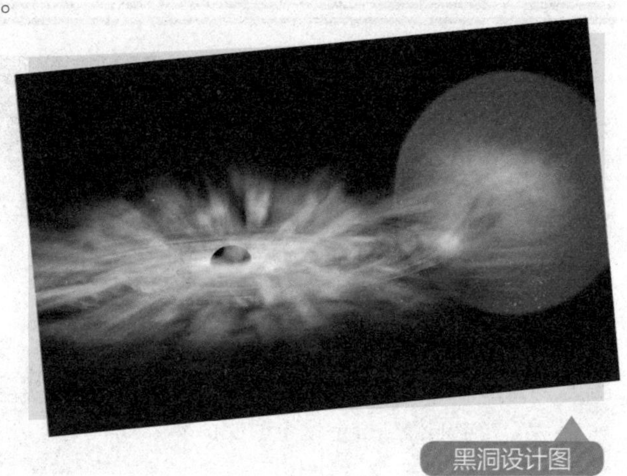
黑洞设计图

黑洞之最

目前发现的宇宙中最小的黑洞仅是太阳质量的3.8倍，其直径为24公里，仅比纽约曼哈顿岛大一些。当然，体积小不代表年龄小，之前说的在2010年发现的年仅30岁的“婴儿黑洞”才是名副其实的小家伙。而和我们离得最近的黑洞，显然不是上面两位，它位于人马星座，和我们相距大约24000光年之遥。也许有一天，你能上去一探究竟。迄今发现的宇宙中最大黑洞的质量是太阳的660亿倍，它是宇宙最大的单一天体之一。

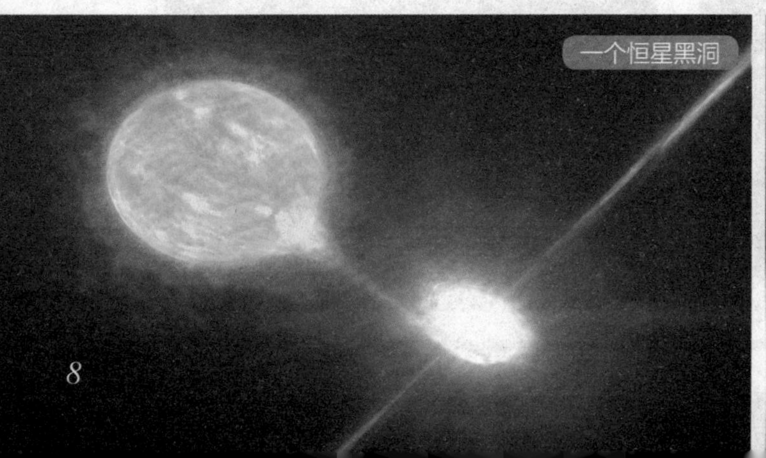
一个恒星黑洞

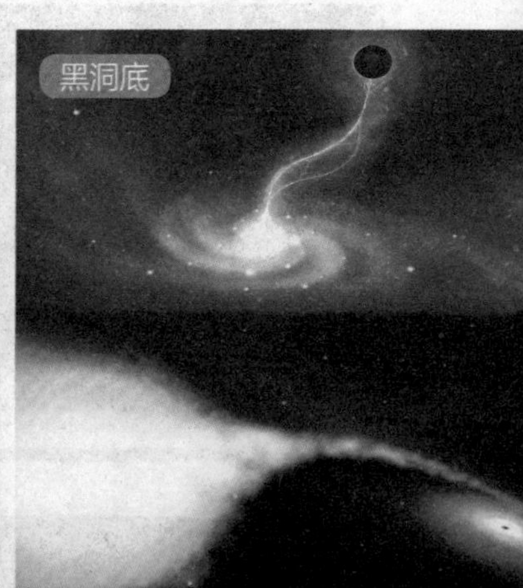
黑洞底

神秘的星云你不用猜

创生之柱

星云和恒星的关系有点儿复杂

星云是指由尘埃、氢气、氦气和其他电离气体聚集而成的星际云。请注意，它是一种云雾状的天体。在这方广阔的天地，气体、尘埃等挨挨挤挤聚在一起，聚集了巨大的质量，再吸引更多的质量，最后越来越大，就变成了恒星。要是形成恒星后还有剩余材料，说不定还能形成行星和行星系的其他天体。这可真是了不起呀！而恒星爆炸时，抛出的气体等往往又会形成星云。所以星云和恒星可以说是相互转化的，有牵扯不清的“血缘”羁绊。

行星状星云

天空最绚烂多彩的点缀——真正的“明星”

散漫无际的形状，各种各样的色彩，梦幻神秘的气息，这就是我们眼中的星云。它才是真正璀璨夺目的明星。

最初，宇宙中的所有云雾状天体都被称作星云。后来随着天文望远镜的发展，人们的观测水平不断提高，星云被证实是一种独立的天体。实际上，远在没有发明望远镜的时候，人类已经知道星云的存在，玛雅历史文献中记载的与天空中的猎户座有关的神话就预兆着星云的存在——神话提到猎户座周围有熊熊大火。当人类真正开始探索星云时，瞬间就被它的美丽吸引。

星之皇后——鹰星云

鹰星云是位于巨蛇座尾端的一个年轻疏散星团，星团周围的星云形状犹如一只展翅飞翔的雄鹰，因此得名。鹰星云闻名世界和它内部的“创生之柱”有很大的关系。创生之柱指的是哈勃空间望远镜拍摄到的在鹰星云内呈圆柱形的星际气体和尘埃的一张影像。这一部分恒星因为其他恒星在手指状的气体柱上造成的腐蚀，形成了手指之外的蛋形。每一个“蛋”都被气体环绕着，并且有一颗新生的恒星在其内。

鹰星云中的创生之柱

猎户座大星云

火鸟星云——猎户座大星云

猎户座大星云是一种反射星云，它现在正在孕育着一颗新恒星，形状犹如一只展开双翅的大鸟。猎户座大星云的亮度相当高，仅次于船底座星云，在晴朗的夜晚，我们用肉眼就能观看到它。猎户座大星云距太阳系大约为1500光年，是银河系内离我们最近的恒星诞生地，包含有数以千计的新生恒星以及孕育恒星的柱状星际尘云，长期以来，一直是天文学家观测的热点。

猎户座大星云外围

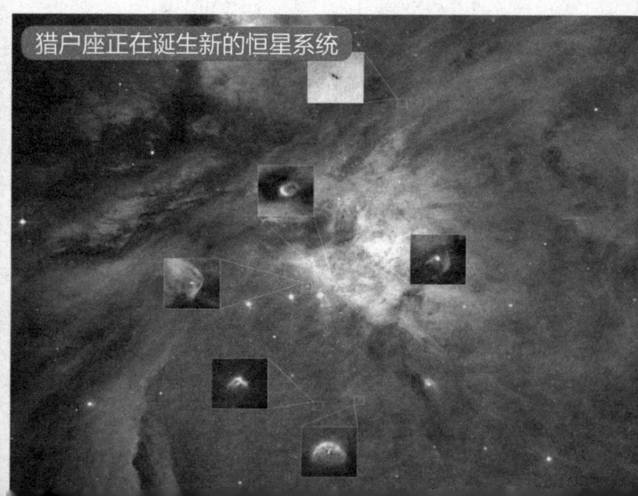
猎户座正在诞生新的恒星系统

天空有一只复杂的眼睛——猫眼星云

猫眼星云是一个行星状星云，是低质量的恒星转化成白矮星时，从外壳抛出的气体形成的星云。科学家认为，太阳在诞生120亿年后就会成为其中的一员。猫眼星云是已知星云中结构最复杂的星云之一。它的中心是一颗明亮、炽热的恒星，约1000年前这颗恒星失去了它的外层结构，从而产生了猫眼星云。

猫眼星云

运动健将——蟹状星云

蟹状星云是一种超新星爆炸的残骸。当大质量恒星抵达生命的终点时，会成为超新星，在恒星爆炸性地向外扩展时，膨胀的气壳就会形成超新星残骸，实际上它也是一种特别的弥漫星云。蟹状星云位于金牛座，距离地球大约6500光年。

蟹状星云“运动”非常快速。科学家们推测：在900多年以前，它或许还只是一颗普通的恒星。蟹状星云这么出名还在于它中心部位的脉冲射电源有可能是迄今为止人类发现的首个具有4个磁极的天体构造。

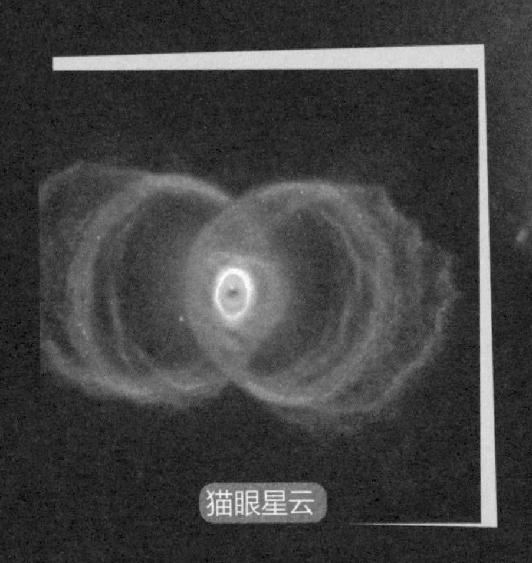

猫眼星云

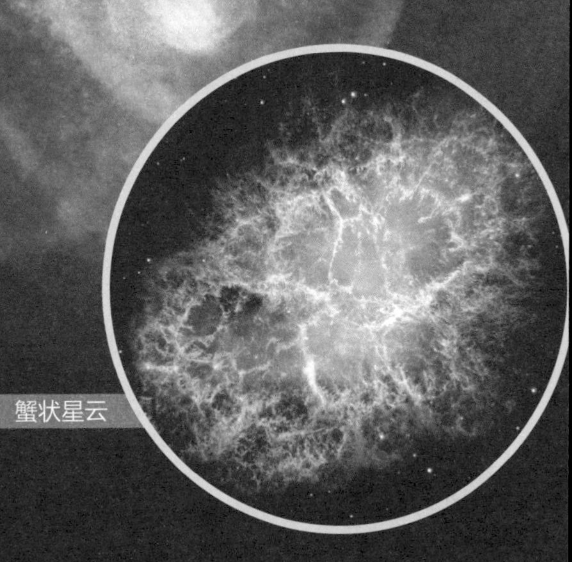

蟹状星云

星座是天上的“王国”

12星座

蛇夫座的螺旋星系

星座图

科学家眼里的星座

一个个人组成了家庭，一个个家庭组成了社会、国家。而在天上，一群群恒星也组成了一个个王国，人们习惯性地称它们为星座。古代时，人类便把三五成群的恒星与神话中的人物或器具联系起来，称之为“星座”。而在1930年，国际天文学联合会决定统一划分星区，将整个星空划分为88个星区，称为星座。每个星座都可以从其中较亮的星星的特殊分布辨认出来。比如，北斗七星属于大熊座，北极星属于小熊座，牛郎星属于天鹰座，织女星属于天琴座。

我们眼中的星座

提到“星座”二字，普通人肯定立刻会说：“这个我知道，我就是狮子座的。”这里所说的星座，实际上是西洋占星学上所说的星座，人们把太阳每年在天球上所行经的路径平均分为12个区域，称之为黄道十二宫，也即12星座。它以春分点为0°，自春分点（即黄道0°）算起，每隔30°为一宫，并以当时各宫内所包含的主要星座来命名，依次为白羊、金牛、双子、巨蟹、狮子、室女、天秤、天蝎、人马、摩羯、宝瓶、双鱼。

① 天鹰座

② 右下为天琴座

小熊座

实际的星座

恒星组成星座是一个随意的过程，不同的文明中有由不同恒星所组成的不同星座。自古以来，人们对恒星的排列和形状很感兴趣，并很自然地把一些位置相近的星联系起来组成星座。国际天文学联合会用精确的边界把天空分为88个正式的星座，使天空每一颗恒星都属于某一特定星座。但在宇宙中，这些恒星相互间其实没有什么关系，不过是从地球上看恰好临近。实际上，它们之间可能相距很远。如果我们身处银河中另一星系，我们看到的星空将会完全不同。

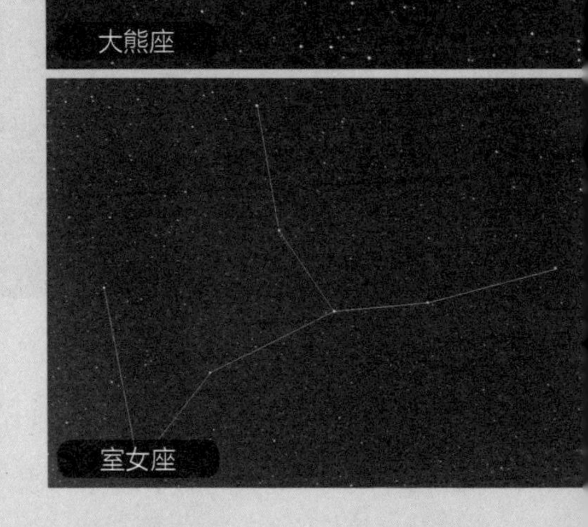

广为人知的星座

大熊座拥有全天最著名的星象——北斗七星。

室女座拥有最亮的、离我们最近的超星系团——室女星系团。

狮子座所占据的广阔天区有很多星系。在每年出现的流星群中，狮子座流星群是最显著的流星群之一。

猎户座是天空中最亮、最易辨认的星座。猎户座β是一颗超亮的蓝白巨星，亮度相当于55000颗太阳，在中国被称为参宿七。

追根溯源

现代星座常使用的88星座里包含14个人类形象、9种鸟类、2种昆虫、19种陆地动物、10种水生物、2个半人马怪物以及29种非生物；头发、巨蛇、龙、飞马、河流各1（种数之和超过88是因为某些星座里不止一个形象）。

银河系全景图

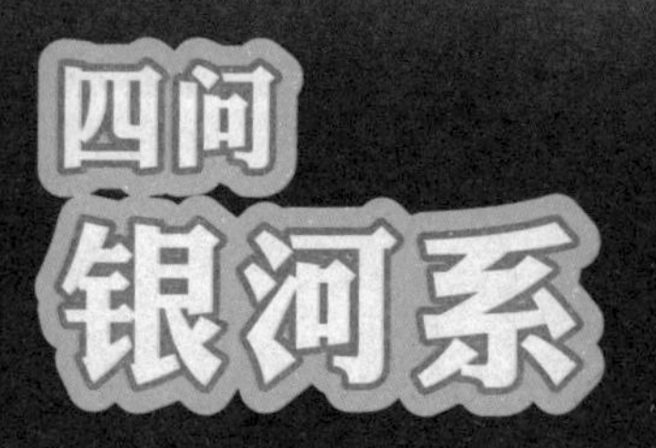

四问银河系

银河系，又叫银河、天河、星河、天汉、银汉等，西方人称它为“牛奶大道”。夏天它非常明亮，抬头一看，如同一条银光闪闪的河流流过了天空。虽然我们经常可以看见银河系，不过你真的了解它吗？下面来测试一下吧！

银河系是不是一条河

虽然从非常久远的古代，人们就认识了银河系，但是对银河系的真正认识还是从近代开始的。银河其实不是一条河，它中间厚、边缘薄，整体呈扁平盘状。它的主要部分被称为银盘，呈旋涡状。银盘外面是由稀疏的恒星和星际物质组成的球状体，被称为银晕。19世纪50年代，人们利用电波观测发现，银河系有4条巨型旋臂，分别是矩尺、半人马—盾牌、人马与英仙。但是最新的研究显示，银河系可能只有2条主旋臂。

银河系及其旋臂

银河系真的很大吗

银河系的总质量约是太阳质量的2000亿倍，直径约为8万光年，中央厚约1.2万光年，边缘厚3000～6000光年。太阳处于主旋臂之间的次旋臂——猎户臂上，距银河系中心约3万光年。

银河系

看到这一串串数据，或许你会觉得银河系实在是太大了，简直太了不起了。但是在宇宙中，银河系绝对是个“小不点儿”，在可看见的宇宙中，星系的总数可能超过1000亿个，银河系只是其中之一；而在最近的研究中，科学家们发现，银河系比以前认为的要轻——它的质量仅是我们“邻居”仙女座星系质量的一半而已。

地球是在银河系吗

银河系里聚集着1000多亿颗恒星，这些恒星都被行星环绕着，其中还飘浮着尘埃、气体。而我们的地球只是太阳系的一颗行星，太阳系（包括地球和太阳）在猎户臂靠近内侧边缘的位置上，这个位置恰好是科学家所谓的银河的生命带。太阳系每2.25～2.5亿年在轨道上绕行一圈，可称为一个银河年，因此以太阳的年龄估算，太阳已经绕行银河20～25次了。

月亮与仙女星系

银河系会消失吗

银河系有一个“孪生妹妹”——仙女星系，由于二者长得很像，一般人不容易分出来。仙女星系距离地球约220万光年。现在，仙女星系正以每秒300千米的速度朝着“孪生姐姐”不断靠近，在30～40亿年后可能会撞上银河系，然后，花上数十亿年的时间，两大星系合并成椭圆星系。

仙女星系

仙女星系和银河系相撞想象图

第二节 去邻居们那儿旅行吧

介绍了宇宙中的那些大家伙们，我们的镜头要开始转移。近一点儿，再近一点儿，好了，我们的目标是——太阳系！让我们来认识一下我们可爱的邻居们吧，来一次欢乐的太阳系大旅行！

千万别在月球上写“到此一游”

太阳系内有8大行星，根据距离太阳的远近，它们依次为水星、金星、地球、火星、木星、土星、天王星和海王星。目前，人们发现8颗行星中的6颗有天然的卫星环绕。月球是地球唯一的天然卫星，并且是太阳系中第五大的卫星。月球的直径约为地球的1/4，质量是地球的1/81.3。月球是太阳系内密度第二高的卫星。

1969年7月21日，美国“阿波罗”11号的指挥官尼尔·奥尔登·阿姆斯特朗成为踏足月球的第一人。普通人想要踏足月球，估计还需要些时日，但是我们可以提前作好准备，现在就来说说，去月球旅行必须注意的事项。

你要作好心理准备

月球上没有玉兔，也没有嫦娥，它和地球一样，有盆地、高地、平原。月圆的时候，我们用肉眼可以看见月球表面黑暗的东西，实际就是月球上的平原，其中的黑色物质都是火山爆发留下的玄武岩。去月球旅行的时候，你必须得小心点儿了，科学家们估计仅在月球正面直径大于1千米的陨石坑就大约有30万个。月球上也有土壤，它是高度粉碎和撞击而形成的风化层，有着像雪一样的纹理，闻起来像用过的火药味。

月食过程中出现的红月亮

不要轻易在月球上“动手脚”

月球本身不发光，它被太阳照射的一面是明亮的，背着太阳的一面是黑暗的。月球绕着公转中的地球自西向东旋转，日、地、月三者之间的相对位置在不断发生变化，因此从地球上看去，月亮的形状会有规律地发生盈亏的变化。但当你踏上月球就会发现，月球实际上十分寂寞，这儿没有风声，也没有雨声，这是因为月球有一个非常稀薄、接近真空的大气层，因而没有气候变化。所以即使你在月球上轻轻地“动手脚”，留下的痕迹也有可能保存上亿年。

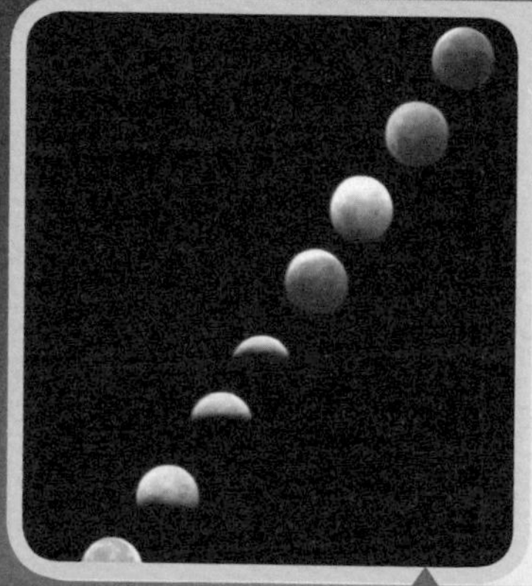

月食过程示意图

“双面月球”等待你来解密

当月球形成时，它比现在距离地球更近，只是当前距离的5%～10%，很快它的自转就被潮汐锁定了。此后，我们就只能看到半个月球。虽然科学家一直在尝试告诉我们月球背面和我们看到的一面是多么不一样，但是我们还是相信眼见为实，这需要我们亲自揭开“双面月球”的奥秘。

水星其实也是多姿多彩的

需要带个游泳圈去水星吗

听到水星这个名字，你可不要想当然地认为它是水汪汪的。想去水星旅行，可要小心了，相信我，游泳圈是不必带了。你首先要做的是——闭上眼睛，沉入梦想，能带你登上水星的，目前只有你的想象力了……不过，我们也不必灰心，远距离观赏一下它还是可以的。

水星长相也很普通

水星是太阳系八大行星中最小的行星，也是离太阳最近的行星。因此它大部分时间会被太阳耀眼的光芒遮盖住，所以人们只能于傍晚或黎明在稍有亮度的低空中才能看到它。当然，要是出现日全食，你也可以一睹它的芳容。

从地球上看，水星就是一颗普通的星星。实际上，水星表面布满了大大小小的坑穴（环形山），坑坑洼洼的，看起来与月球相似。要是举办星星选美比赛，估计它没有什么希望。不过科学家发现，水星的外表曾经很华丽。研究人员推断，40~41亿年前，火山岩浆曾淹没了整个水星，水星曾经是火的世界。这可真让人意外。

水星表面图像

最新播报

不少天文学家此前认为，水星与和它体积相差不多的月球相像，都属于色彩匮乏的星球。不过，“信使”号水星探测器发回的照片表明，水星比月球更加“多姿多彩”。

照片显示，与“苍白”的月球相比，水星上有巨大的悬崖，地表呈淡蓝色和暗红色。

水星上的“神仙”日子

俗话说“天上一日，人间一年”，这是神仙们过的日子，而在水星上，你可以享受比神仙更优渥的时间待遇，因为水星1日，地球时间是2年。这是因为水星是唯一被太阳潮汐锁定的行星。因此，水星“年”非常短，绕太阳公转1周只用88天；但水星“日”却很长，自转1周约59天。地球自转1周就是1昼夜，也就是我们所说的1天，公转1周就是1年；而水星自转3周才是1昼夜，相当于地球上的176天，也相当于水星绕太阳公转2周，即2年。

水星上也没有四季的变化，不过冷暖交替却是存在的，你可得小心了，注意防暑保暖。水星有时像个炽热的大铁球，正午时温度超过440℃；有时又像个极冷的大冰球，夜间很快变冷，温度可下降至-160℃以下。

水星构造

水星很“奇葩”

也许我们从上面已经看出，相对于地球，水星绝对是一颗很“奇葩”的星球，但是它的奇葩绝对不仅仅表现在以上方面。它还是个“孤家寡人”，很可能一颗卫星都没有。水星还存在一个奇怪的磁场：北半球磁场几乎是南半球的3倍。

而“信使”号水星探测器发回的一组水星表面照片更是让天文学家大吃一惊：水星上存在一种特殊的蜘蛛状“胎记”，研究人员认为，这说明水星可能在不断收缩。

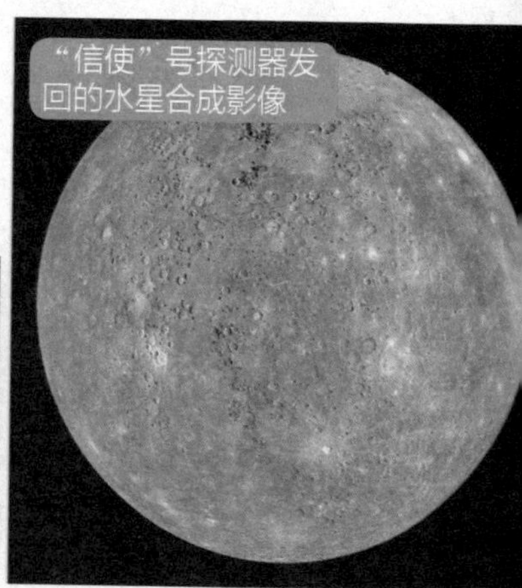
“信使”号探测器发回的水星合成影像

类地行星的大小比较（由左至右）：水星、金星、地球、火星

金星表面

拜访蒙着面纱的金星

在人类肉眼可见的星星中，金星的“美貌”首屈一指，它在夜空中的亮度仅次于月球。金星是地球的“姐妹星”，大小和引力与地球相仿，它的内部结构也与地球类似。那么你是否在窃喜，我们总算能找到一个看似和善点儿的邻居了……不过，我劝你还是不要抱有太多的幻想，我马上就为你揭开金星的神秘面纱。

它总是蒙着面纱

金星的表面总是围着一层厚厚的云，看起来它似乎蒙着一层面纱，所以我们很难看清它真实的容貌。金星的云层主要由二氧化硫和硫酸组成，完全覆盖整个金星表面。这让地球上的观测者难以透过这层屏障来观测金星表面。

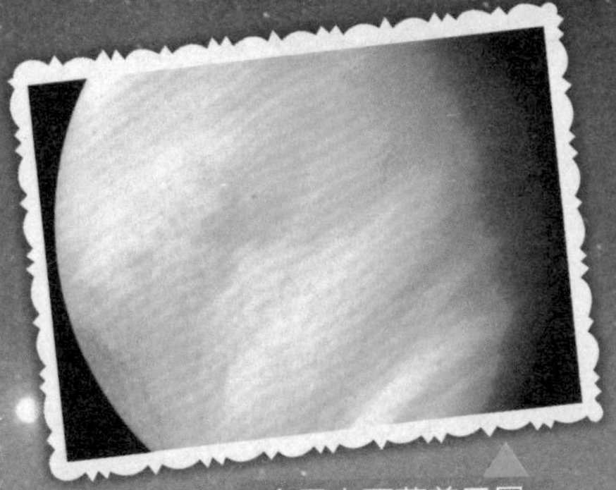
金星表面蒙着云层

金星大气层

太阳打西边升起

没错，虽然太阳打西边升起在地球上是绝对不可能见到的现象，但是在金星上，就能看到。金星自转缓慢，自转周期是243天，是主要行星中自转最慢的，且它的自转方向和行星都相反，是自东向西转，所以在地球上看到的是太阳东升西落，而在金星上则是刚好相反了。

表里不一的金星

金星，又叫“太白星”，在神话故事中它被塑造得十分美好。这可能是因为我们眼睛所看到的金星是那么璀璨夺目，让人神往。

实际上，金星简直就如同一头凶猛的野兽。金星的大气主要由二氧化碳组成，并含有少量的氮气。二氧化碳的温室效应和浓厚的硫酸云使得金星的地表温度比水星还热，地表温度约480℃，在近赤道的低地，金星的表面极限温度可高达500℃。地表上还有数千座火山，犹如长满了痘疮，岩浆不停地喷涌。这简直就是传说中的地狱，所以想要到金星一游的小朋友们，你们可要考虑好。

金星表面

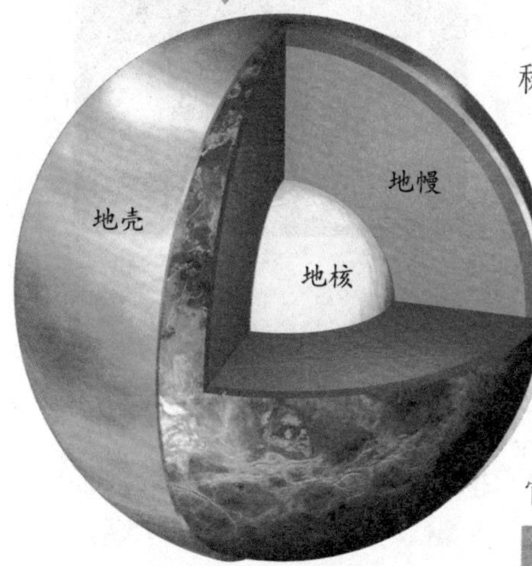

金星结构图

“姐妹星”这一称呼从何而来

既然金星如此暴躁凶猛，那么为什么它会被称为地球的“姐妹星”呢？这是因为金星在质量和体积等方面与地球类似。金星上有很厚的大气层，有风，有雷电，虽然它自转很慢，但是厚厚的大气层，让它的昼夜温差不大。金星的内部可能也与地球相似：半径约3000千米的地核和由熔岩构成的地幔组成了金星的绝大部分。科学家还探测出金星的岩浆里含有水。但是它可怕的地表温度和浓厚的大气层使它无法成为生命的温床。

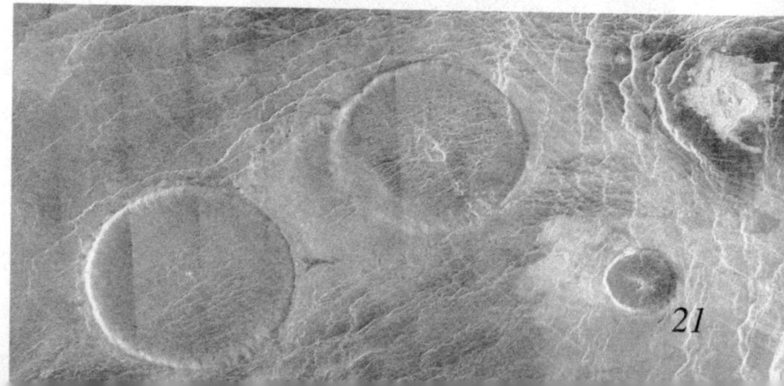
金星上不停喷涌的火山

火星会热情如火地招待我们吗

火星表面

火星一身火红色，自古就吸引着人们。罗马神话中称它为战神，中国古代因为它荧荧如火，位置、亮度时常变动，让人无法捉摸而称之为“荧惑”。除了绚丽的外表，火星因其“类地”的特征，更吸引着现代科学家们。

这才是地球真正的“姐妹”

从体积和质量上来说，金星更接近于地球；但从本质上来说，火星和地球更相似。火星比地球小得多，它的直径相当于地球的1/2，体积只有地球的15%，质量也只有地球的11%。但是，火星上有春夏秋冬四季的变化，有白天和黑夜的更替；自转周期也与地球相近，为24小时37分。但火星的四季与地球的四季大不一样，其每个季节约为172天，约相当于地球上的6个月。火星的昼夜温差也很大，白天最高温度可达28℃，而夜间即可降到−132℃。

火星直径约为地球的一半

“火星人”存在吗

我们知道，地球上的生命源自海洋，源自水。所以当科学家发现火星上曾经存在水时，就对火星生命的存在抱着极大的希望，纷纷投入了巨大的人力、物力去研究，但是目前得到的消息还是让我们倍感失望：火星大气稀薄，其中95%是二氧化碳；火星表面是干燥、荒凉、寒冷的旷野，布满沙丘、岩石和火山口。原来曾引起天文学家高度重视的火星“运河”，只是些排列成行、间隔很近的火山口。那个曾引起人们幻想的“极冠”，只不过是水冰。

火星极冠

火星会成为我们的移民星球吗

如果非要选择一颗星球进行移民的话，那么火星将是人类的不二之选。即使我们现在无法探测到火星生命的存在，但是许多研究者都坚信火星上曾经存在过生命。虽然大部分动植物都不可能在火星的极端环境中生存，但有部分微生物和地衣能存活。然而人类在地球的前景并不乐观，所以外星移民是人类未来探索的重点。虽然另一个候选地——月球距离地球较近，但是它的重力约为地球重力的1/6，相对而言，火星的重力更加接近地球的重力。而且，火星具备稀薄的大气层和水资源。上述因素令火星压倒月球，成为最适宜移民的星体。

艺术家笔下的火星喷泉喷发出含沙的喷流

最新播报 火星运河是个误会

火星运河指火星表面许多线条状的东西，人们之所以把它叫作河，其实是个小误会。1877年，意大利天文学家夏帕雷利在观测火星时，发现火星表面有许多线条状的东西。他用意大利语称之为“canali”（沟渠的意思），但是英文报刊在报道这一发现时，把“canali”错写成了“canal”（语运河的意思）。因为这些所谓的“运河”，科学家们曾经坚信火星上存在过智慧生物。当然，事实并非如此。

美国“好奇”号探测器成功登陆火星

原来木星才是最“热情”的

木星是个大个子，它是太阳系行星中最大的一个，它那圆圆的大肚子里能装下1321个地球，质量约为地球的317.89倍。我们在地球上也能轻易地看到它。在太阳系中，除了太阳、月球和金星，就数它最亮了。

木星表面奇异的大红斑

木星很“热情”

要说木星是颗“热情”的星球，这可不是说假话。木星是一颗气体星，即不以固体物质为主要组成成分的行星。最外层是木星的大气，随着深度的增加，氢逐渐过渡为液态，在离木星大气云顶10000千米处，液态氢在高压和高温下成为液态金属氢，因此它的表面是高温高压的液态氢海洋，中心温度估计高达30500℃。瞧瞧这温度，“热情”得足以融化掉一切。

木星

木星的直径与太阳、地球的直径比较

木星是个和蔼的“老大”

说木星和蔼，这也不用怀疑，只是这种和蔼不是针对人类来说，而是对太阳系的其他星球来说的：木星无私地保护着其他行星。一方面，它阻止小行星带的天体汇聚成新行星，以免破坏太阳系大家庭的秩序；另一方面，它不断吸收并消灭随时攻击行星的小行星。作为“老大”，“小弟”自然不能少——人类所知的木星系卫星总数达63颗，木星因此成为太阳系拥有最多天然卫星的行星，这数字还很有可能继续增加。

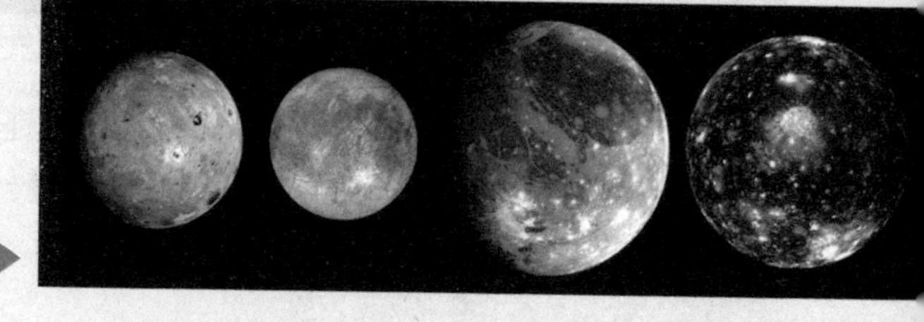

木星和它的卫星

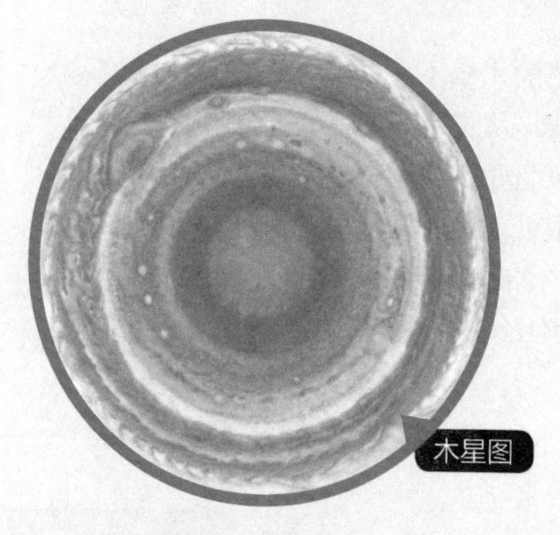

木星图

“老大”有个坏脾气

由于木星快速自转，木星的大气显得非常“焦躁不安”。木星的大气其实是一个复杂多变的大气系统，云层每时每刻都在变化。我们在木星表面可以看到大大小小的风暴，其中最著名的风暴是“大红斑”。这是一个朝着逆时针方向旋转的古老风暴，它早在1660年前就被人类发现了。大红斑有3个地球那么大，其外围的云系每4～6天运动1周。风暴中央的云系运动速度稍慢且方向不定，因而云带之间常形成小风暴，并合并成较大型风暴。由于木星的大气运动剧烈，木星上也有与地球上类似的高空闪电。想想这闪电霹雳、巨大风暴，谁还敢惹这个“老大”！

大红斑的尺寸正在减少

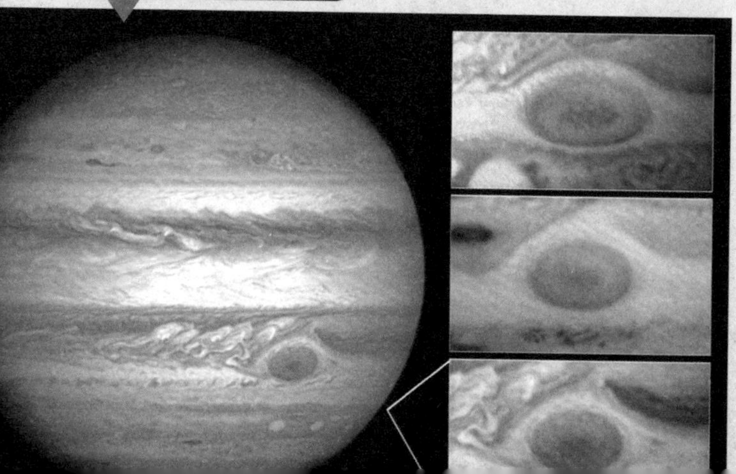

天王星是个冷漠的家伙

天王星

天王星其实很早之前就被人类发现了，但它不是被误认为恒星，就是被看成彗星，直到1781年，它才被正名，终于被确认为是一颗行星。

冷冰冰的天王星

天王星也是一颗气体星球，但是和火热的木星不一样，它一直冷冰冰的。天王星距离太阳约为28.69亿千米，约等于地球与太阳距离的19倍。由于距离太阳十分遥远，它从太阳得到的热量极其微弱，表面温度约为-180℃，是太阳系中最冷的行星。天王星不仅表面温度低，内热也很低。大小和成分与天王星像是双胞胎的海王星，放至太空中的热量是得自太阳的2.61倍，而天王星几乎没有多出来的热量被放出。而目前科学家也不知道这是为什么。

天王星内部结构图

天王星和地球比大小

懒洋洋的天王星

之所以说天王星懒洋洋的，是因为它与众不同的自转方式——天王星是躺着自转的。因此，在它84.01年公转一周的过程中，有时是“头”顶着太阳，有时又是“脚板”对着太阳。天王星的自转轴可以说是躺在轨道平面上的，倾斜的角度高达98°，转动时像倾倒滚动的球。这就导致天王星的季节与其他星球的都不一样。在某一时期，一个极点会持续地指向太阳，另一个极点则背向太阳。这样，每一个极都会有被太阳持续照射42年的极昼，而在另外42年则处于极夜。只有在赤道附近狭窄的区域内可以体会到迅速的日夜交替。

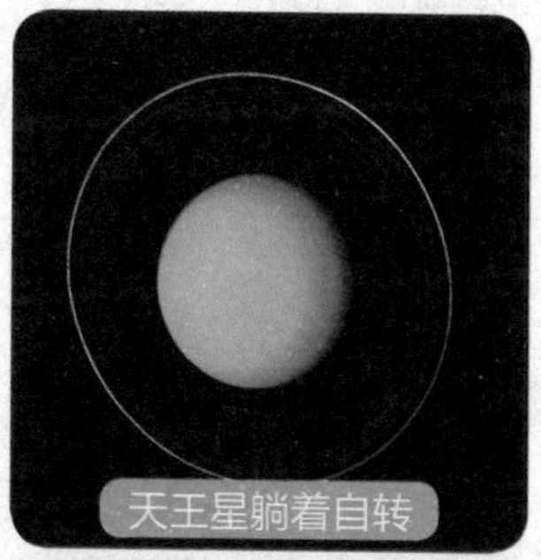
天王星躺着自转

躺着运动的天王星

天王星的磁场

头戴美丽光环的天王星

1977年3月，天王星正好掩住了一颗恒星（即挡住了恒星的光），这是非常罕见的现象，于是天文学家抓紧机会进行观测，结果发现，天王星的周围也像土星那样，有美丽的光环。实际上天王星的行星环系统非常复杂，它是太阳系中继土星环之后发现的第二个环系统。该环由小到几毫米，大到几米的极端黑暗粒状物质组成。如果把残缺不全的环和弧状构造全都计算在内，天王星环可达数百环之多，总宽度约7000千米。

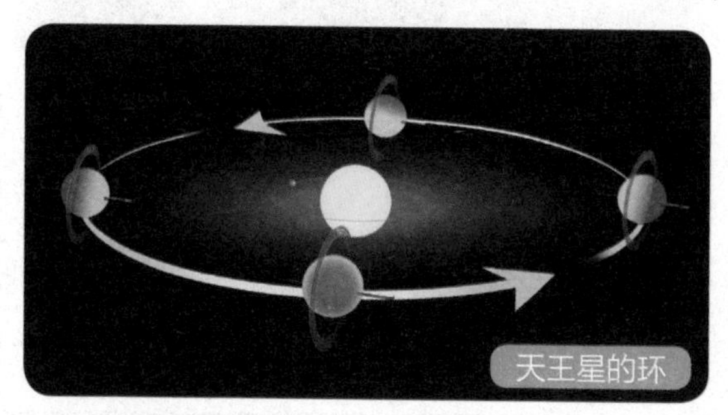
天王星的环

海王星——我为自己代言

因为和天王星太过相似，海王星总和天王星被称作“双胞胎”。为了强调自己的地位，海王星决定要给自己辩护一下，做第一个给自己代言的星球。

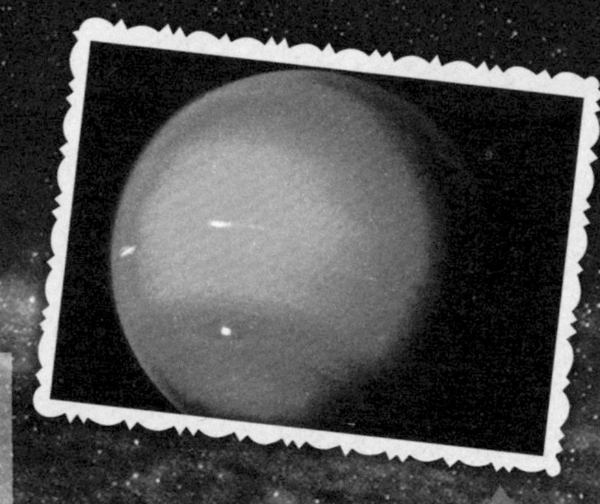
海王星及大黑斑

我为自己代言——我很美丽

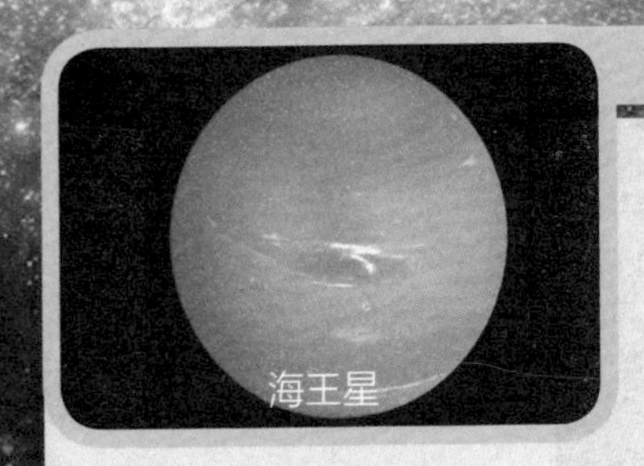
海王星

首先我认为自己很美丽。在高海拔处，我的大气层80%是氢，19%是氦，也存在着少量的甲烷。因为吸收了大气层的甲烷，我呈现出美丽的蓝色，比天王星柔和的青色更显得活泼。

我为自己代言——我很亲切

相对于内外都冷冰冰的天王星来说，我觉得自己很亲切。因为距离太阳遥远，我从太阳那儿得到的热量非常少，所以大气层顶端温度达到了−218℃，成为太阳系最冷的地区，但是，我的温度由大气层顶端向内稳定上升，核心的温度约为7000℃，比太阳的表面温度还高。外冷内热，这样是不是让你更喜欢我一点儿？

通过颜色过滤的海王星

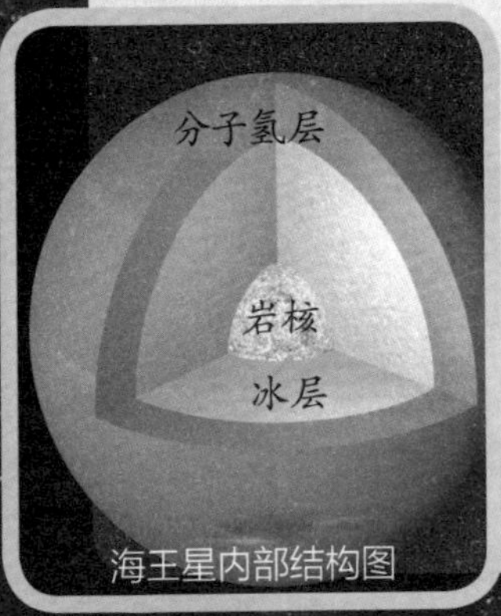

海王星内部结构图

大黑斑

我为自己代言——我很厉害

我能维持太阳系中最高速的风暴。你知道这是为什么吗？我的大气压很大，约为地球大气压的100倍，而且大气中有许多湍急紊乱的气旋在翻滚，所以我身上呼啸着按带状分布的大风暴或旋风。这些风暴是太阳系中最强烈的，时速达到2100千米。1989年，美国航空航天局的"旅行者"2号航天器发现了大黑斑，它是一个如同欧亚大陆大小的飓风系统。这个风暴类似木星上的大红斑。之后类似的风暴就经常被发现。

我为自己代言——我是被人类算出来的

勒维耶，利用数学计算出我的人

因为我是太阳系最外侧的行星，距离地球十分遥远，所以肉眼难以看到。天文学家通过对天王星轨道的计算，推算出我存在的可能性，而后我才被人类发现了。所以说，在行星中我是唯一利用数学推算而非有计划观测而发现的行星，我的发现算是天文学史上的一个传奇。我的轨道周期（年）大约相当于164.79个地球年。自被发现至今，我只绕轨道转了一圈（以发现点作为起点）。我也会经历季节变化，但是每个季节长达40年——嘿嘿，跟我一比，你们的冬天真的不算什么！

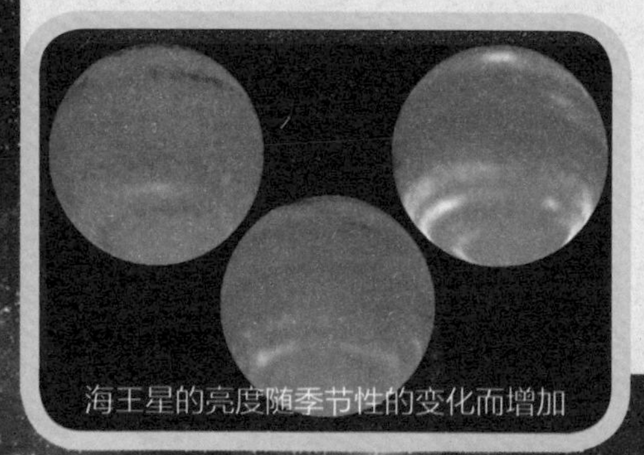
海王星的亮度随季节性的变化而增加

第三节 那些独特的星体

介绍完我们的邻居，接下来，我们又要开始寻找新的星体了。要知道宇宙这么大，有个性、好玩儿的星体可不少。接下来我们就去采访一下我们口耳相传的那些星体吧。

数以百万计的恒星聚集在一起

恒星——我们永远这么闪亮

在晴朗的夜空中，那些总在一眨一眨的家伙就是恒星。古人认为恒星是固定不动的星体，所以人们给其取名为“恒”，其实恒星也在运动。现在让我们来认识一下常常被提及的那些恒星，比如神话故事中被残忍分离的恩爱夫妻“牛郎织女”，诗歌中有狼子野心的天狼星，我们熟悉的太阳公公……

牛郎织女遥相对

在中国的神话故事中，牛郎和织女被王母娘娘分隔在银河两岸，一年仅能在农历七月初七相聚一次。这让我们对牛郎和织女给予深厚的同情，但实际情况真是如此吗？

织女星是天琴座中最明亮的星星，也是太阳附近最明亮的星星之一。它和地球的距离相对来说很近，只有26.3光年。织女星和牛郎星实际关系不大，倒是与太阳关系不错，天文学家称它是天空中仅次于太阳第二重要的恒

牛郎织的女故事

星。在很久以前，织女星还是北半球的极星，很多年以后它还会再次回归成为北极星。织女星的年龄只有太阳的1/10，但是因为它的质量是太阳的2.1倍，因此它的预期寿命也只有太阳的1/10；这两颗恒星目前都在接近寿命的中点上。

恒星在天球北极的移动路径，织女星是附近最闪亮的恒星

隔河相望的牛郎织女星

牛郎星又叫牵牛星，是天鹰座中的恒星，是天空排行第十二明亮的恒星。它和天鹰座β、γ星的连线正指向织女星。正是这一奇景，所以在古人的想象中，牛郎星和织女星就成了被迫分离的情侣。牛郎星距离地球16光年，它的质量约是太阳的1.7倍，直径约为太阳的1.8倍，亮度约为太阳的10.5倍，表面温度约6727℃。

西北望，射天狼

在中国古代的星宿文化中，天狼星是“主侵略之兆”的恶星。当然，事实并非如此。在晴朗的夜空，你能看见的最亮的恒星就是天狼星。天狼星之所以成为夜空中最亮的星星，不仅仅是因为它本身比较明亮，还因为它距离太阳非常近，是最近的恒星之一。

天狼星虽然肉眼看上去是一颗单独的星星，但实际上它是一个恒星系统，是由互相围绕公转的两颗白色恒星组成的。其中较亮的一颗星，称为天狼星A，另一颗叫作天狼星B，不过天狼星B现在已经变成了一颗白矮星。除了居住在北纬73°以北的人，我们在地球的任何角落都能看到天狼星。

天狼星A

艺术家笔下的天狼星A和B

太阳公公的小档案

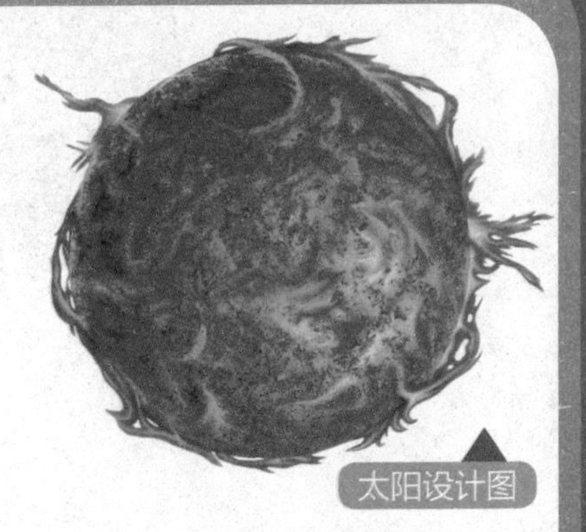
太阳设计图

基本信息

名称：太阳

年龄：约46亿年

所属星系：银河系-太阳系

直径：1.392×10^{6}千米

质量：约1.99×10^{30}千克

表面温度：约6000℃

内核温度：太阳内核的温度约15000000℃

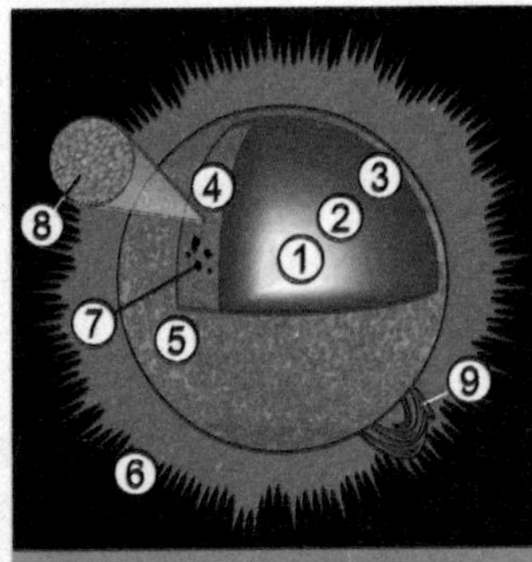

太阳结构图解：
①核心 ② 辐射层③ 对流层④光球 ⑤ 色球 ⑥日冕 ⑦黑子 ⑧米粒 ⑨日珥

运动方式：以每秒250千米的速度绕银心（银河系的中心）转动，公转一周约需2.5亿年。太阳也在自转，其周期在日面赤道带约25天，两极区约为35天

太阳的结构：中心为热核反应区，核心之外是辐射层，辐射层外为对流层，对流层之外是太阳大气层

太阳活动形式：主要有太阳黑子、光斑、谱斑、耀斑、日珥和日冕等。时烈时弱，平均以11年为一活动周期

未来：和所有的恒星一样，太阳（中等质量的恒星）终有一天会燃烧殆尽，然后变成红巨星，再向行星状星云发展，最后成为一颗白矮星。太阳的毁灭一定会给地球造成灭顶之灾，但是相信在几十亿年以后，科技终将为我们打开一片新的天地。

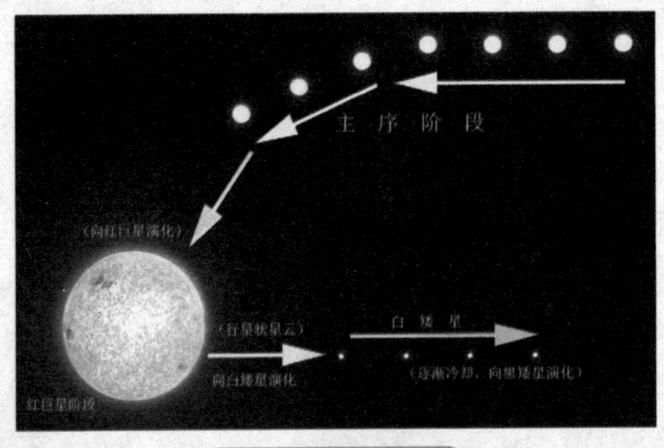

中等质量恒星演化

太阳系主要行星大小比较

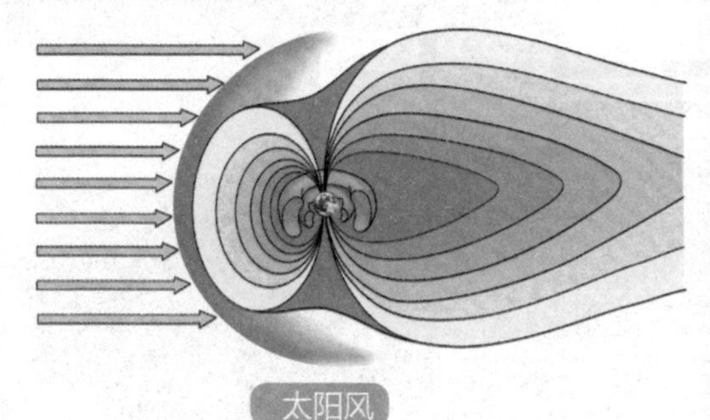

太阳风

和地球比较

地球直径约12756千米，太阳直径是地球的109倍。

地球质量约为5.97×10^{24}千克，太阳质量约为地球的33万倍。

地球表面积约为5.11×10^{8}平方千米，太阳表面积约是地球的1.2万倍。

地球体积约为1.08×10^{12}立方千米，太阳体积约是地球的130万倍。

太阳的功能

1.太阳核裂变每秒燃烧6.2亿吨氢，会释放超大能量，提供了整个太阳系95%的能量，人类的进化和成长离不开能量。

2.太阳占太阳系总质量的99.86%，其产生的强大引力引导太阳系有规律地运行着，带来春夏秋冬四季的变迁，为万物生长提供光照……是生命起源的根源。

3.太阳因本身的变化影响整个太阳系内（包括地球）的剧烈变化和生物的演变。

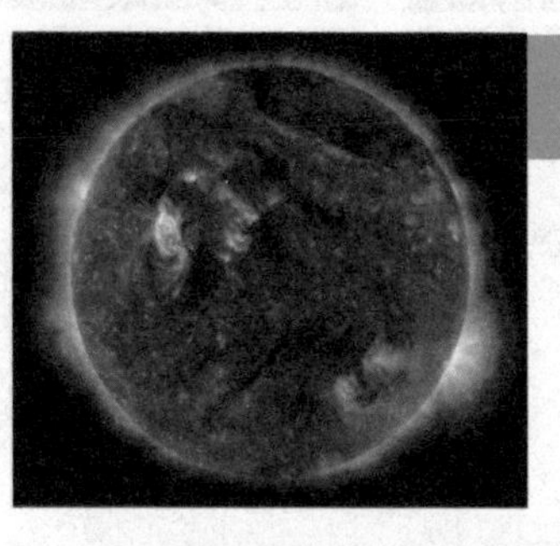

太阳耀斑（左上角的白色区域）

太阳系的行星中，只有地球适宜人类生存

我是最倒霉的星星——彗星

作为太阳系中的一员，彗星对自己的地位一直非常不满意。为了平息它的怒气，我们开展了一系列的研讨会，并请了许多在太阳系颇有名气的代表来参加。现在，我们就来直播这一次的研讨会。最先发言的就是彗星。

彗星（非常愤怒）

3000多年前，人类就已经发现我了，但是到现在为止，我在人类中依旧是“臭名远扬”，人类总是叫我——“扫把星”。相信大家都知道，“扫把星”就是倒霉鬼、灾星的意思，这是一个有侮辱性的名词，我非常讨厌。

如果仅仅因为我在进入大气层的时候总拖着一条长长的尾巴，而且不经常出现，或者一出现就匆匆而过，就判定我会给人类带来灾难，把我视作灾祸降临前的不祥之兆，称我为“灾星”，是不科学的，我不服气！

望远镜拍摄的彗星的彩色图片

从太空拍摄的在轨道上的洛弗乔伊彗星

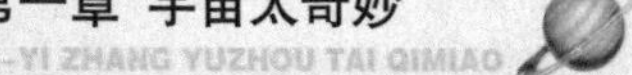

太阳（慢条斯理）

嗯，这件事我早就知道了，毕竟，彗星是太阳系中的一员！关于这个问题，我得说明一下。彗星长成这个样子，也不是没有原因的。它由三个部分构成，彗核是彗星的实体部分，形状像一个“脏雪球”，由比较密集的固体块和质点构成，整个彗星的质量几乎都集中在这里；彗核周围环绕着的云雾状物质称为彗发，主要由气体和尘埃组成，能反射太阳的光辉；彗尾由极稀薄的气体和尘埃组成，受太阳风的影响，在靠近大气层的时候，形状看起来就像扫帚。其实每年都有上百颗彗星出现，但是它们的光亮很大程度会受到我的影响，人类不一定能观测到，所以大家别再误会它了！

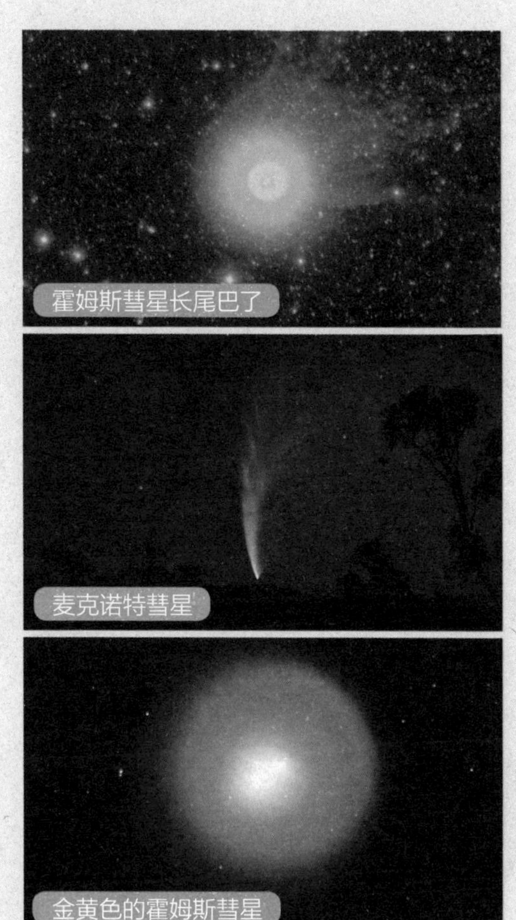

霍姆斯彗星长尾巴了

麦克诺特彗星

金黄色的霍姆斯彗星

双尾彗星

科学家（深思熟虑）

关于彗星是不是灾星，现在还真不好下结论，由于它在人类思想中根深蒂固的印象，每一次出现都会引起极大的恐慌。

1910年重返的哈雷彗星，因为它的彗尾会扫过地球，报纸上错误的报道引发民众对它的恐惧，认为它可能会毒害数以万计的生命。1997年海尔-波普彗星的出现，甚至引起一些教派的自杀潮。还有些人认为，一些传染病，如1968年全球流行的香港流感和中世纪的几次大瘟疫，很可能与彗星靠近地球时带来的病毒有关。彗星还被很多人认为是造成地震的“凶手”之一。流行文化中描写彗星是预示世界末日的征兆，这类认识牢固地根植于很多人的脑海中……而在已有的资料中，我们也确实观测到彗星撞击其他星球的实例——月球表面有许多的撞击坑，有些就是彗星造成的。最近一次的彗星与行星的撞击发生在1994年7月，舒梅克-利维九号彗星与木星相撞。

艺术家笔下的彗星略过火星

哈雷彗星（十分淡定）

为什么我会出现在这里？这是因为我觉得自己是彗星中和人类较亲近的一个。我是唯一每次都够亮，在经过太阳系的内侧时人类能以肉眼看见的彗星。不过只有幸运的人才能够看到我，因为我大约76年才出现一次。英国人埃德蒙·哈雷最先估算出我的周期，所以人们把我命名为哈雷彗星。上一次我出现是在1986年，而下一次回归将在2061年。因为我的周期确定，人类能更好地观察彗星。我打开了人类通向彗星的大门，而我相信这扇大门会一直开着，让人类能更好地了解我们。

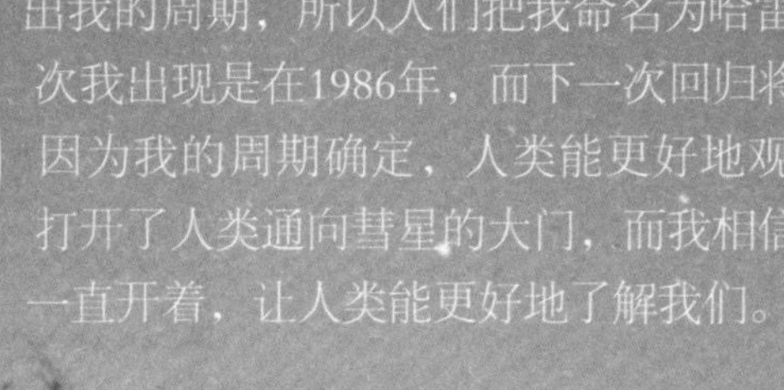

哈雷彗星

流星体使用说明书

格罗宁根上空的火流星

概述

流星体是宇宙对人类的馈赠。当然，人类不一定了解这份赠礼，因此，宇宙爷爷特地做了一份简易说明书。现在我们一起来看看，如何才能更好地使用、欣赏这份大礼。

赠品名称

北半球双子座流星雨

流星体（包括流星、火球、火流星、超级火流星等）。

成分

流星

颗粒状的碎片，如沙尘、巨砾、星际尘埃、小行星等。包括在星际空间运行，体积比小行星小，比原子、分子大，直径介于100微米至10米之间的固态天体。

性状

流星体会呈现出多种状态，如我们常见的流星。而实际上流星不是天体，它只是流星体或者小行星撞入大气层后出现的发热现象。流星色彩缤纷，有白、红、紫、橙、蓝、黄等色，是一种非常美丽的现象。

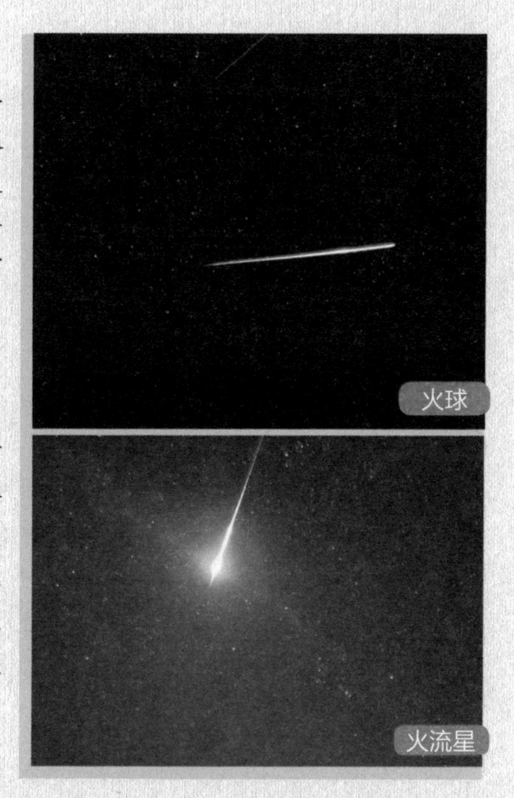

火球是流星体另外一种状态，实际上它和流星唯一的区别在于——它比流星亮！它之所以被叫作火球，就是因为当我们在天顶看到它的时候，它就如同一个明亮的火球，亮度也超越了所有行星的亮度。

火流星的亮度比火球更亮，它实际是一种特殊的火球。当然，普通人一定不会像欢迎流星一样欢迎它，因为它的出现往往意味着一次撞击事件。火流星的名字来自于希腊文，它更贴切一点儿的翻译应该是闪电或者导弹。谁让它的尾部总是特别明亮，还往往会发出雷鸣声呢。

还有一种超级火流星，顾名思义，它的亮度比火流星还要亮。

流星体在和大气层撞击后，要是没有完全汽化，往往就会留下点儿残留物，这就是大家比较熟悉的陨石。流星体偶尔和地球“亲密接触”后，它会熔解地表的物质，冷却后会形成一种特殊的物质。大家认为它是陨石的一种，所以把它叫作玻璃陨石，又称雷公墨，实际它是“本地制造”。

有时候，流星体一进入大气层就被毁坏了，这个时候，它就会产生流星尘；有的时候它会分离出一条离子尾，离子尾是流星体到来的前期预报，通过它我们能很好地了解流星体的运行。

主要功能

流星体进入大气层是非常壮观的天文现象，它们是普通人近距离接触宇宙的媒介。在人类的文明史上，流星、火球等被赋予了浪漫、美丽的寓意；陨石能让人类更好地了解天体变化，它包含了很多太阳系天体演变的信息，非常受科学家的欢迎；而流星尘甚至还会影响我们的气候……

流星、飞机与银河

注意事项

每年降落在地球上的流星体非常多，据估算，有20万吨左右。我们经常能观看到的流星体现象就是流星雨。但是流星雨往往转瞬即逝，观看时要选择好时间（天文学家会公布）、地点（最好在郊外），还要有一定的耐性（也许你会等待很久）……另外，流星体也可能对地球产生一定的伤害，如大型陨石撞击产生的各种天坑。大型陨石撞击地球可能是导致恐龙灭绝的原因之一。据史料记载，500多年前，甘肃一颗直径仅数十米的陨石降落，导致上万人死亡，相当于一颗原子弹爆炸的威力。

纳米比亚霍巴陨石

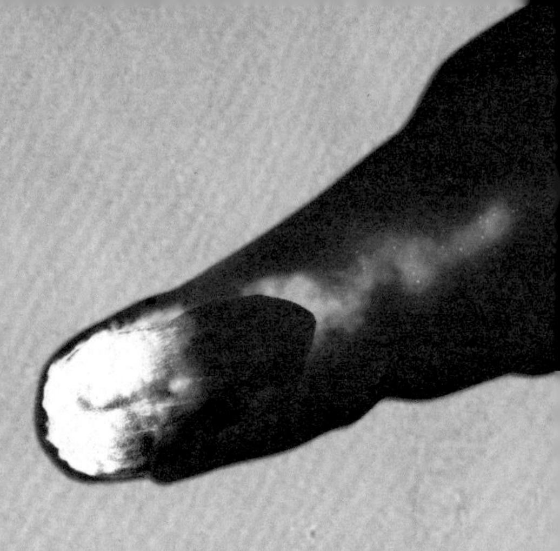

小心！小行星很危险

你也许一点儿也不关心小行星是个什么玩意儿，毕竟你没法儿抓住一颗小行星进行研究，好透彻地了解一下它。不过，机会来了——我们有一本天文学家的日记本，一起来看看吧！

2014-5-3　星期六　天气：晴

今天是忧心忡忡的一天，就在几个小时前，一场大危机刚刚和我们擦身而过——一颗公交车般大的小行星“惊险”地掠过地球。它和地球距离最近时仅为29.93万千米，比月球距离地球还要近。也许很多人不了解，他们一定在想：嘿，科学家什么的，真会大惊小怪，就算那是一辆失控的公交车，能造成多大损失呢？不！我想大声地告诉所有人，小行星真的很危险，虽然它只有一辆公交车那么大，但是如果这颗小行星撞向某个大城市，它的威力也许相当于1945年广岛原子弹爆炸威力的一半。地球很脆弱，至少在小行星面前是这样。不久前，我们就又推算出一个“噩耗”——地球遭到小行星撞击的概率，比我们之前想象的概率要大10倍。面对这种灾难，我们唯一凭借的只有——运气！虽然，目前小行星往往撞击在无人区或者高空大气层，但是没人能保证这样的事永远不会发生在大城市。

太阳系的小行星带

流星体撞击模拟

2014-7-5　星期六　天气：多云

趁着周末，我去做了一场关于小行星的演讲。习惯了研究它时面对一堆堆的数据，想要简单地告诉学生们什么是小行星还真是不简单。讲台上我一定是一副古板先生的样子，郑重其事地说："小行星是太阳系内类似行星，环绕太阳运动，但体积和质量比行星小得多的天体。"这还真是教科书上的标准答案。其实每天研究小行星，在我的眼里，小行星也仿佛是有生命的物体，和人类一样。人类起源于猿，它们起源于太阳系形成时未形成行星的残留物质；人类生活在一起，组成了社会，大部分的小行星在火星和木星的轨道之间也有一个共同的家——小行星带，这儿有50多万颗小行星生活在一起；生老病死阻止了人类的无限膨胀，而大质量的木星也阻止了小行星的无限发展，让它们不断碰撞、重生，还阻止了新的行星的产生……

"黎明"号探测器飞赴小行星带

2014-9-7　星期天　天气：晴

今天，又有一颗名为2014RC的小行星与地球擦肩而过。这颗卡车一般大小的小行星虽然不会对地球产生什么直接的危害，但是直到这位天外来客离我们的星球很近时，科学家才发现它。最近一系列的发现，让我更加忧心忡忡。我们严重低估了小行星撞击地球的概率，也许以后它们真的会成为毁灭我们母星的祸根。4.5亿年以前，就有两颗小行星同时撞击今天的瑞典所在区域，每年地球上都会留下大大小小的陨石坑……这些都在提醒我们必须加快步伐，更好地把握小行星的运动轨迹。地球母亲的未来掌握在我们手里。

美国巴林杰陨石坑

研究室——哦，NO！外星人来啦

我们虽然还没有明确的证据证明外星人确实存在，但是也无法否认他们不存在！现在，我们一起来找找外星人存在的“痕迹”吧！

重口味事件——解剖外星人

事情起末：1995年，一个华盛顿老摄影师提供了一部画面模糊的黑白影片，宣称这是1947年自己受命前往罗斯威尔空军基地所拍摄的解剖外星人录像。这部绝密影片展示了解剖一个外星人身体的全过程，成为一些“不明飞行物”迷一直以来声称美国政府拥有外星人身体的证据。

结果：这只不过是一次世界炒作史上的经典之作，这部黑白影片，确确实实就是一部影片！

人类普遍认知中的外星人

来点儿小清新——麦田怪圈现象

事情起末：麦田怪圈是在麦田或其他农田上，通过某种力量把农作物压平而产生的几何图案。最早的麦田怪圈可以追溯到1647年。麦田怪圈现象现在依然找不到科学的解释。有的麦田圈中，被压倒的植物茎节点的烧焦痕迹每根植物都一样，且茎节点烧焦的植物仍能继续生长，这究竟是如何做到的？有的麦田圈每一根植物，全部互相交叉，叠压在一起，人力如何能在一夜之间完成这么大的工程？这些都是谜题。

结果：这种种无法解释的现象，我们都认为是外星人开的玩笑。但是有一部分麦田怪圈其实是人类自己开的玩笑。

真正的麦田怪圈现象该作何解释，谁也没有准确答案。

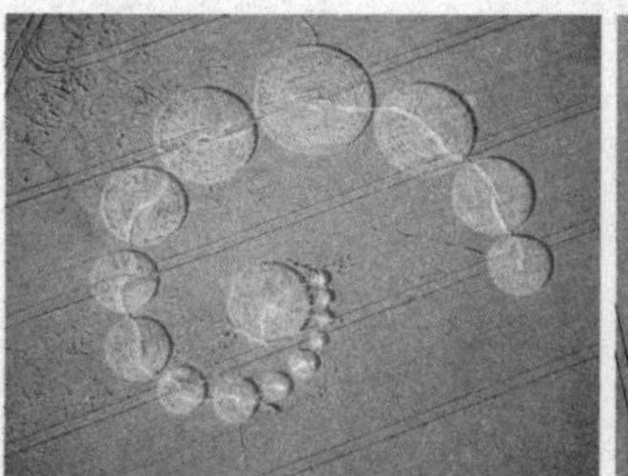

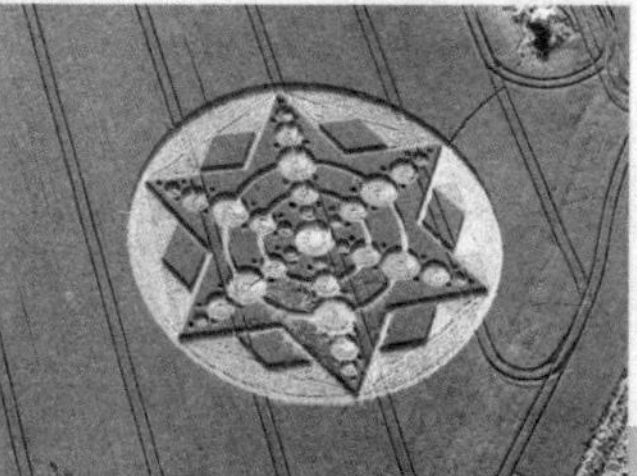

麦田怪圈

这个有点儿邪恶——百慕大三角

事情起末：百慕大三角又称魔鬼三角，因为百慕大三角的环境极度反常，许多经过的船只、飞机及人员会“神秘失踪”。尤其是1945年美国海军飞行队的神秘失踪，引得人们纷纷猜测。许多人都认为百慕大三角可能是外星人在地球的隐秘基地，为防止秘密泄露，许多路过此地的人就惨遭“灭口”。

结果：美国海岸防卫队、各海洋保险公司及科学界对此看法都非常不以为然。他们引用《全球海洋失事地点》统计资料证明，在百慕大三角失踪的船只和飞机数目，比其他繁忙地区的还要少。数十年间，不少所谓的“谜团”已经解开。许多科学考察证明，这些谜团不过是因对失踪事件的长期误解、误传，甚至是夸大而形成的，并非想象中那样不可思议。

俯瞰百慕大三角

这可是个大证据——频频到访的UFO

事情起末：人们把高空中来历不明的飞行物，统称为UFO。很多人将UFO视为外星文明的飞碟、飞盘，认为UFO是来自其他星球的太空船，或者未来的人来今日地球作研究所操控的时光机。UFO不是现代的“特产”，宋朝的大文豪——苏轼在他的《游金山寺》中就有记载：“是时江月初生魄，二更月落天深黑。江心似有炬火明，飞焰照山栖乌惊。怅然归卧心莫识，非鬼非人竟何物？”1952年7月19日晚，美国华盛顿上空多次出现不明飞行物，美军战斗机想击落它们，它们却以远超过战斗机的速度移动并集体消失。

结果：对于大多数UFO的报告，科学家已给出了合理的解释。例如，在许多事件中，报告里出现出的UFO不过是自然天体或者飞机等排出的尾气，或者特殊大气层状态令人产生的错觉。但仍有5%的UFO未能明确是何种物体。

UFO降落在阿根廷

曾经拍摄到的UFO

想象中的UFO

第二章

和地球母亲的亲密接触

地球是我们的母亲，它温柔地养育着千千万万的生灵。它胸怀广阔，容纳百川大海；它千奇百怪，塑造高山平地；它神秘莫测，变幻多端；它温柔博爱，滋养万物。我们崇敬这位伟大的母亲，深深地热爱着它，但是也伤害、剥削着它。今天，我们要好好地了解一下它，以便更好地呵护它。

第一节 专为地球母亲举办的颁奖大会

宇宙中有无数的星体，他们或瑰丽，或壮观，或奇异，而在这数不清的星体中，我们最感谢的一定是——地球。

首先，大家都知道地球母亲是生命的摇篮

主持人发言

美国宇航员布鲁斯·麦克坎德雷斯正在进行太空行走

和137亿岁的宇宙相比，地球可以说是一颗年轻的星球，它只有约46亿年的历史。在太阳系的八大行星中，它不如木星巨大，不如土星看起来美丽，但它是伟大的。因为在已发现的数万亿颗星球中，只有地球孕育着数百万种生物。它充满了活力，给生命提供庇护，是我们共同的家园。言辞浅薄，无法一一道出我们的感恩之心，但我们从未忘记。曾经我们设立了无数个奖项，颁给影视明星、科技工作者、优秀小学生……但是，我们最应该为其颁发奖项、最应该受到我们赞誉的地球母亲，却没有得到我们颁发的任何奖项。现在，是我们弥补缺憾的时候了，让我们把世界最高的荣誉献给地球。首先，有请我们的地球母亲上场！

地球母亲

我最骄傲的事情，不是今天站在这个台上，而是我拥有别人没有的财富——我亲爱的儿女们！但是，生命的孕育不是凭我一己之力而完成的，其条件非常苛刻。

首先，这是因为我处于太阳系这个奇妙的团体中，虽然我兄弟姐妹众多，但是八大行星运行方向基本是一致的，而且在同一个宇宙平面上，这就让我有了一个稳定的宇宙环境。

其次，我是幸运的，处于一个非常好的位置，和太阳不远也不近，因此既不像水星、 金星那么热，也不会像天王星、海王星等那么冷，我的平均温度能保持在15℃左右，这样的温度比较适宜生物存活。

当然，我自己本身也有一些独特的条件。我的自转周期不长也不短，这样能让我保持稳定的光照时间，更有利于生命的成长；我的体重不大也不小，这样就让我形成了一个生命的保护层——大气层，这层保护层是生命存在必需的条件之一；我还有合适的重力，保证地球上的水能保持原始状态。相信大家都明白水对生物的重要性。

颁奖嘉宾（地球专家）

地球母亲和我们是一体的，爱护地球，就是爱护我们自己。在地球母亲诞生后的10亿年内，生命开始出现。地球的生物圈开始逐渐改变大气层和其他环境，然后需要氧气的生物得以诞生，并促成了臭氧层的形成。臭氧层与地球母亲的磁场一起阻挡了来自宇宙的有害射线，保护了陆地上的生物。前面地球母亲所说的那些特征，使得地球上的生命能周期性地延续。生命生生不息，不断进化，地球母亲不断改变，从而更好地保护它的孩子。所以，它是伟大的。这个奖项理所当然地要颁给它！

现在，用数字见证地球母亲的伟大

说说“一”

唯一：地球是太阳系八大行星中唯一一个被液态水覆盖的星球，也是目前唯一一个发现生命的星球。地球母亲唯一的卫星叫月球，它们之间有互动作用。

一年：一年又叫地球年、太阳年，是地球在轨道上绕太阳公转一圈的时间单位。现代公历里，平年一年为365天，闰年一年为366天。

一月：月是历法中的一个时间单位，照理说，它的时长应该与月球绕地球公转的周期相当，但传统上都是以月相变化的周期作为一个月的时长——一个月大约是29.53天。公历大月为31天，小月为30天，公历平年的2月叫平月，为28天，公历闰年的2月叫闰月，为29天。

一日：也叫一天，或者地球日，是地球自转一周的时长。科学上，“日”被人为规定为86400秒，即24 小时。

说说“二”

两个“圈”：科学家把地球分为两个圈层，即外部圈层和内部圈层。内部圈层包括地核、地幔、地壳，外部圈层包括生物圈、大气圈、水圈。

地核80%是由铁组成的，其余物质基本上是镍和硅。地核又分为两部分，深度为约5100千米以下至地心的叫内核，在内核外部，2900～5100千米的液态区域叫外核。从地核外围（约2900千米处）一直延伸到约33千米深处的区域被称作地幔。它是由富含铁和镁的物质所组成的。从地面至平均深度约33千米深处的地下区域叫地壳。

地球曾经像个大火球，热得能够发光

月球基地想象图

蓝色的大气层

生物圈覆盖于大气圈的下层、水圈及岩石圈的上层，包括海面以下约11千米到地面以上约10千米。生物圈又分为很多不同的生物群系，如植物群和动物群。

大气圈是指由78%的氮气、21%的氧气及氩气、二氧化碳、水蒸气等组成的厚密大气层，大气层又分为对流层、平流层、中间层、热层和外大气层。

地球是太阳系中唯一表面覆盖着液态水的行星。水占据地球表面的70.8%，其中96.5%是海水，3.5%是陆地水。

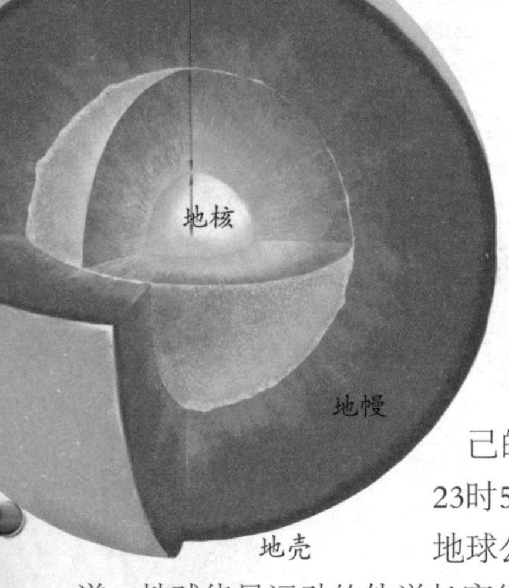

两大理论：关于大陆的成长有两大理论，第一种理论认为，地球是稳定成长到现在的；第二种理论认为，地球只在诞生早期比较快速地发展。目前看来，第二种理论的可信度更高。

两大运动：地球的运动由自转和公转组成。地球绕着自己的轨道自西向东自转一周的时间为23时56分。地球绕着太阳所作的运动叫地球公转。地球公转的路线叫作公转轨道。地球绕日运动的轨道长度约为94000万千米，公转一周所需时间为一年，天文学上所说的一年约是365.26天。

说说“三”

三个阶段：地球的形成不是一蹴而就的，而是分为三个阶段。太阳形成后残留下来的气体和尘埃形成的圆盘状物内孕育着行星。经过了1000～2000万年的时间，它们由最初的熔融状态开始演变，然后外层冷却形成地壳。

三次进化：生命在地球上出现时并非现在的状态。生命的进化也是分阶段的，尤其是最初的三次进化，这三次进化每一次都是一次大突破。大约40亿年前，高能的化学分子就能自我复制，又过了5亿年，所有生物体的共同祖先诞生了；生物的光合作用使大气层发生改变，氧气和臭氧层相继出现，给生物进化提供了更好的条件——相似的小细胞聚集，形成更大更复杂的真核细胞；然后真正由细胞组成的多细胞生物逐渐出现，生命布满了地球表面。

说说“四”

四季变迁：在温带地区，一年可以分为四季，即春季、夏季、秋季、冬季。四季变迁的根本原因是地球的自转轴与其公转轨道平面不垂直，而是形成23度26分的夹角。如果把地球看成一个人，那么其就是从头到脚

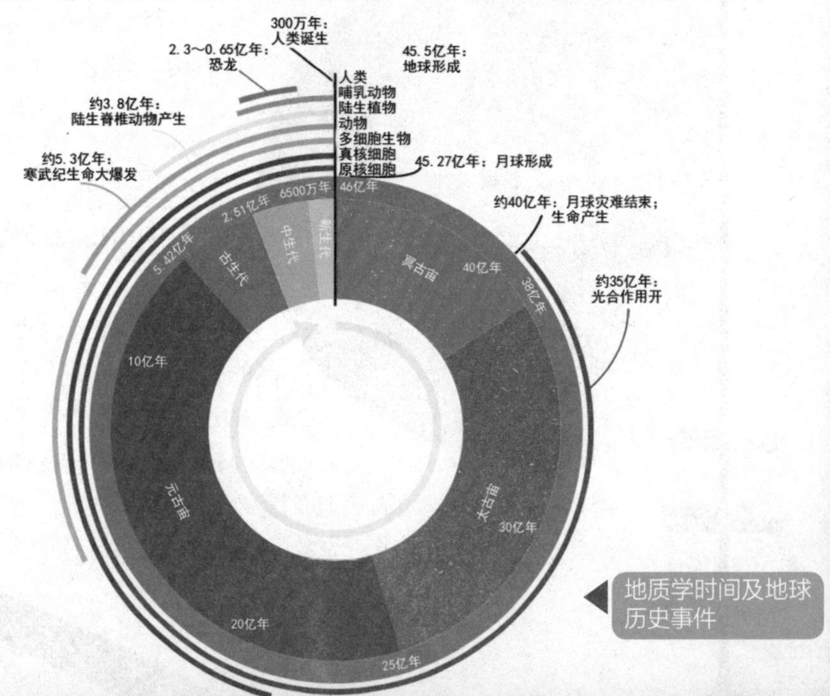

地质学时间及地球历史事件

歪着身子绕着太阳转，这样地球会逐渐朝向太阳或逐渐朝向太空，朝向太阳的一面，冷空气减少，形成夏天；朝向太空的一面因为长时间照不到太阳，冷空气增加，而形成冬天。春季和秋季则为过渡季节，地球以侧面面向太阳，南北两半球的日照面积相同，因此气候差别不大。

说说“五”

五次大灭绝：自生命诞生以来，地球经历过的灭绝事件大大小小不下二十次，但是大面积的生物灭绝现象已经考察出来的只有五次，这造成了当时百分之八九十的生物的灭绝。五次大灭绝事件，即奥陶纪末期、泥盆纪末期、二叠纪末期、三叠纪末期和白垩纪末期的大规模生物绝灭。其中我们最熟悉的就是白垩纪末期的恐龙大灭绝事件。造成大灭绝的可能原因很多，如天外星体撞击地球、火山活动、气候变冷或变暖、海进或海退（海平面上升或下降）和缺氧等，但目前仍未有定论。

说说“六”

六大陆：地球总面积约为5.11×10^8平方千米，其中约29.2%是陆地，共分为六个大陆：亚欧大陆、非洲大陆、北美大陆、南美大陆、澳大利亚大陆和南极大陆，另外还有很多岛屿。

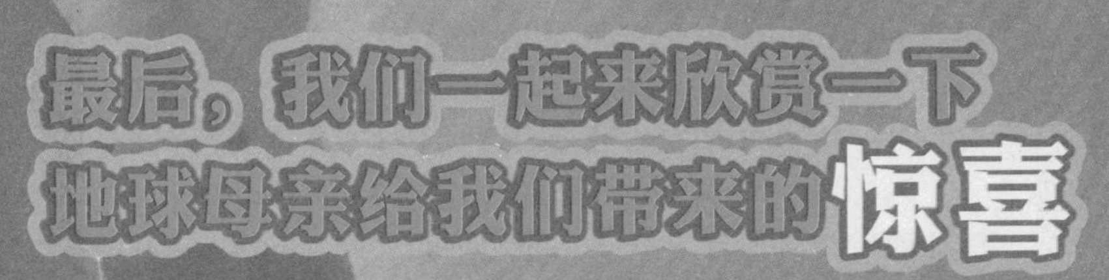

最后，我们一起来欣赏一下地球母亲给我们带来的惊喜

地球母亲还有很多神奇的本领，往往让我们的眼睛应接不暇，下面就请地球母亲来表演一下吧！

第一幕：奇美极光

在高纬度地区（南极和北极），黎明前，万籁俱寂的时候，天空中突然出现微弱的光雾，光雾快速地变亮，形成一条光带。随后多彩的流光、折叠的光线形成更多奇景。它五颜六色，绚丽而壮观，在天空构成一幅巨大的帷幕。这就是极光。极光是地球上最美丽的景色之一。极光是由太阳释放的高速带电粒子与地球磁场边缘接触，一些带电粒子被地球磁场所捕获，进入地球电离层，并与电离层中的气体碰撞而产生的壮丽绚烂的景色。

微信扫一扫
一起去探索
奇妙的科学世界

第二幕：七彩霓虹

在炎热的夏天，雷阵雨过后，或许我们能看见一条七色的彩环横跨南北，悬挂在空中，这就是虹，又叫彩虹。虹是飘浮在空中的小水滴经太阳光照射发生折射和反射作用而形成的。雨后的空气中，会飘浮着许多小水珠，太阳光通过时，把它们分解成红、橙、黄、绿、蓝、靛、紫七色光带，然后再反射回来。这时，如果有人站在太阳（在地平线附近）和雨滴之间，就会看到一条色彩缤纷的彩虹。有时在虹的外侧还能看到第二道虹，其光彩比第一道虹的稍淡，被称为副虹或霓。虹和霓色彩的次序刚好相反——虹的色序是外红内紫，而霓的色序是外紫内红。

第三幕：云卷云舒

我们平时看到的云有各种色彩，有的洁白，有的乌黑，有的呈铅灰色，还有的呈红色或黄色。其实，天上的云本来都是无色的，只是因为云层的厚度以及云层受阳光照射的角度不同而显出不同的颜色。在众多的云中，卷云因美丽而备受瞩目。卷云是高云的一种，一般云层不厚，透光良好。平时云体呈白色，远在天边时呈淡黄色，日出日落时常呈黄色或黄红色，夜间则呈黑灰色。分散个体常呈丝缕状、马尾状、羽毛状、钩状、团簇状或片状等多种形态。卷云出现时多预示一整天都会是晴朗的好天气。

第四幕：银装素裹

雨雪风霜本是常见的自然现象，但是白雪有时候最受人们欢迎。

云中的小水滴凝结后降落到地面，温度在0℃以上就是雨，0℃以下就是雪。雪花是一种美丽的结晶体，它在飘荡过程中成团地聚在一起，就形成了雪片。雪花的形状与其形成时的水汽条件有密切的关系。如果云中水汽不太丰富，只有冰晶的面上达到过饱和，就凝华增长成为柱状或针状雪晶；如果云中水汽稍多，冰晶边上也达到过饱和，就凝华增长成为片状雪晶；如果云中水汽非常丰富，冰晶的面上、边上、角上都达到过饱和，其尖角突出，得到水汽最充分，凝华增长得最快，因此大都形成星状或多枝状雪晶。

南极一角

第二节 给你爆点儿地球的小秘密

地球孕育着无数的神奇，我们闻所未闻，见所未见。今天，我们就来偷偷爆点地球的小秘密，好让我们对它更了解！

沧海变桑田，百变地貌

东南丘陵

地球在漫长的演化过程中，地形在不断变化。地球的陆地地形通常被划分为平原、高原、山地、丘陵、台地和盆地6种基本类型；地球的海底地形通常被划分为大陆架、大陆坡、海沟、海盆（海洋盆地）和海岭等类型。

平原

平原是海拔低于200米的宽广低平地区，一般都分布在沿海地区。如亚洲的恒河冲积平原、美索不达米亚平原等。我国最大的平原是东北平原，影响力较大的还有华北平原（黄淮海平原）、长江中下游平原、珠江三角洲平原等。

高原

指海拔在500米以上，地势高、面积广而平坦的地形。存在年代较短的高原一般比较平坦，而年代较长的则因长期受风化侵蚀，比较低矮，看起来和山地一样。世界最高的高原是中国的青藏高原，面积最大的高原为巴西高原。

南极高原

山地

一般指海拔在500米以上，相对高度大于200米，起伏较大的地形。其特点是起伏大，坡度陡，沟谷深，多呈脉状分布。

丘陵

海拔在500米以下，相对高度不超过200米，由众多小丘连绵而成的地形。世界上最大的丘陵是哈萨克丘陵。中国东南地区是丘陵分布最广、最集中的地区，这一地区统称为东南丘陵。

哈萨克丘陵

台地

台地是一种凸起面积较大且海拔较低的平面地形。台地中央的坡度平缓，四周较陡，直立于周围的低地丘陵。台地介于平原、高原两者之间，海拔在一百至几百米之间。

盆地

盆地四周地形的水平高度要比盆地自身高，在中间形成一个低地，就如同一个脸盆一般。

大陆架

大陆架是大陆沿岸土地在海面下向海洋的延伸，可以说是被海水所覆盖的大陆。在大陆架上也可以发现一些丘陵、盆地，还有明显的“水下河谷”，这些河谷地形看起来就像是陆地河流的地形，有蜿蜒的河道，有冲积平原、三角洲等，许多水下河谷还与陆地上的河流相对应，可看作是陆上河流的“延续”。

大陆坡

大陆坡的坡度较大陆架的陡，是大陆架向大洋底的急陡过渡地带，它的边缘开始向深海倾斜。大陆坡上界水深多在100～200米；下界一般渐变，水深在1500～3500米，在邻近海沟地带，下延至更深处。宽数十千米至数百千米。

海沟

海沟是位于海洋中的两壁较陡、狭长、水深大于6000米的沟槽。海沟多分布于活动的海洋板块边缘，一般被认为是地球板块相互挤压而形成的。

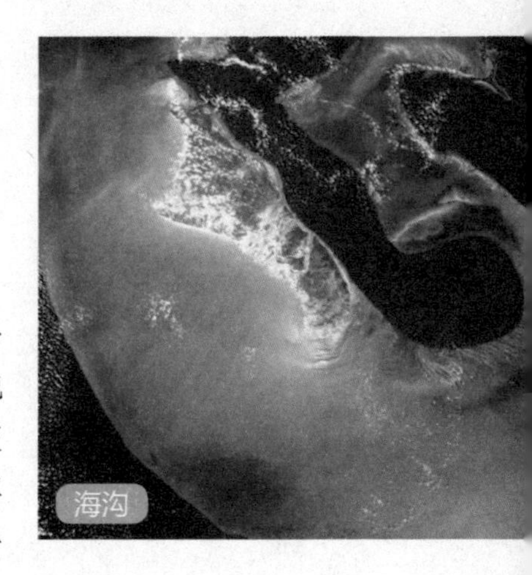
海沟

海盆

海盆也可以说是海底的盆地，海洋的底部有许多低平的地带，周围是相对高一些的海底山脉，和陆地上盆地的构造非常类似。它们有些属于大洋与大陆交接处的边缘海海盆，有些是在大洋里的海盆。2012年5月，美英两国科学家在西南极洲冰原下方发现了一个巨大海盆，这将使该冰原变得不太稳定，将来可能面临萎缩甚至坍塌的风险。

海岭

海岭也叫作“海脊”，更通俗一点儿的叫法是——“海底山脉”。顾名思义，海岭是在海洋底下，一般高出两侧海底2000～4000米。当然，如果它太高，露出水面了，在水上的那一段又有一个新名字——“海岛”。

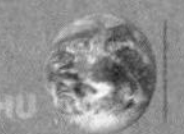

千山鸟飞绝——说说山脉之最

攀登珠峰的勇士们

世界最高峰——珠穆朗玛峰

珠穆朗玛峰是世界最高峰，海拔高8848.86米，属于喜马拉雅山脉主峰，位于中国与尼泊尔边界上。它被确认为世界第一高峰以来，一直独领风骚。但是这并不意味着它的峰顶离地心最远，这个殊荣被南美洲的钦博拉索山截获。如果换一个方式计算，珠穆朗玛峰最高峰的荣誉就要移交给夏威夷的冒纳罗亚火山，因为从海底山脚算起，它的高度约为9300米。

世界上最高大的山脉——喜马拉雅山脉

喜马拉雅山脉不仅是世界上最高大的山脉，还是世界上海拔最高的山脉，分布在中国西藏自治区与巴基斯坦、印度、尼泊尔、不丹境内。山脉东西长约2450千米，南北宽200～350千米。喜马拉雅山脉有很多山峰，海拔7000米以上的高峰有100多座，8000米以上的高峰有10座，山峰终年被冰雪覆盖。

喜马拉雅山的冰川和湖泊

落基山脉位于科迪勒拉山系

世界上最长的山系——科迪勒拉山系

科迪勒拉山系是纵贯美洲大陆西部的山系，北起美国阿拉斯加，南至智利火地岛，绵延约1.5万千米，为世界上最长的山系。科迪勒拉山系由一系列平行山脉、山间高原和盆地组成，山脉除个别地段外，总体呈南-北或西北-东南走向，北美部分较宽，海拔一般1500～3000米，南美部分较窄，大部分海拔在3000米以上，有高山冰川，多火山、地震。阿拉斯加山脉、落基山脉、安第斯山脉等都属于科迪勒拉山系。

安第斯山脉南部的卫星复合地图

世界上最长的山脉——安第斯山脉

世界上最长的山脉是安第斯山脉，它是南美洲西部科迪勒拉山系的主干。它从东北面的特立尼达岛到南端的火地岛，长8900千米，是喜玛拉雅山脉的3倍多；整个山脉的平均海拔3000米以上，大部分海拔在3000米以上，有许多高峰山顶终年积雪，许多高峰超过6000米。

世界上最高的岛屿山峰——查亚峰

查亚峰位于印度尼西亚巴布亚省内，海拔4884米，被认为是大洋洲的最高峰，同时也是印度尼西亚的最高峰，还是亚洲的喜马拉雅山脉与美洲的安第斯山脉之间的最高峰，也是世界上海拔最高的岛屿山峰。查亚峰所处的位置十分偏僻，需要穿越茂密的热带雨林才能到达，山下雨林里的食人部落等曾经一度使这座山峰蒙上了神秘诡异的色彩。

查亚峰附近地区

世界上最长的海底山脉——洋中脊

洋中脊又称洋脊、大洋中脊、中央海岭，是世界上最大、最长的海底山脉，总长度约70000千米，其中连续的山脉长达65000千米，宽度达1000～4000千米，约占整个海洋面积的1/3。洋中脊在海底扩张学说中扮演了新海洋地壳生成处的角色，地幔的热对流在洋中脊中央处上升，岩浆在此涌出后，快速冷却为玄武岩，形成新的海洋地壳，并将较旧的地壳向两旁推挤，从而使海底扩张。

火山爆发的瞬间

世界上最高的死火山——阿空加瓜山

阿空加瓜山海拔约6960米，是世界上最高的死火山，绰号“美洲巨人”。山峰坐落在安第斯山脉北部，峰顶在阿根廷西北部门多萨省境内，但其西翼延伸到了智利圣地亚哥以北海岸低地。阿空加瓜山主要由火山岩构成，峰顶较为平坦，是一座死火山，在人类历史上没有活动过。不过，死火山也有可能会“复活”。维苏威火山曾经“死”了很多年，却突然“死而复生”，把庞贝古城吞没了。

世界上体积最大的火山——冒纳罗亚火山

冒纳罗亚火山是形成夏威夷的五个火山中的一个，体积大约75000立方千米，是夏威夷海岛上的一个活跃盾状火山，也是世界最大孤立山体之一，海拔约4200米，实际上它是从水深6000米的太平洋底部耸立起来的，从海底到山顶高约9300米，比珠穆朗玛峰还高。冒纳罗亚火山喷发了至少70万年，约在40万年前露出海平面，自1832年起，平均每隔3年半喷发一次，熔岩流经面积达5120平方千米。多次喷发均限于火山口处，也沿着东北或西南裂隙喷发过。

第三节 走访七大洲，寻找神奇秘境

地球很大，有郁郁葱葱的热带雨林，有寸草不生的荒凉大漠，有一望无际的草原，也有深不可测的海洋……今天让我们的足迹遍布整个地球，去寻访这些地方吧。

个性海洋，让你啧啧称奇

太平洋——我是当之无愧的“老大”

太平洋是四大洋之一，是四大洋中面积最大的洋，面积约17968万平方千米，从南极到北极都有它的身影。太平洋覆盖着地球约49.8%的水面，占地表总面积的35%，比地球上所有陆地面积加起来还要大。太平洋多火山、地震，活火山约占全球的85%，地震约占全球的80%。太平洋中部是台风的发源处。虽然“太平洋”这个名字原意为平静的海洋，但是它看起来一点儿也不平静。太平洋还是世界上最深的海洋，平均深度4028米，最深处的马里亚纳海沟深达11034米，是世界上最低的地方。

从国际太空站看太平洋上的日落

北冰洋——我是最袖珍的洋

北冰洋是四大洋中最小的洋，大致以北极为中心，介于亚洲、欧洲和北美

北冰洋

洲之间，大部分为陆地所环绕。那么，北冰洋究竟有多小呢？北冰洋面积1310万平方千米，约占世界大洋面积的3.6%。北冰洋不仅小而且浅，平均深度1205米，为世界大洋平均深度的1/3。

南冰洋的居民之一——磷虾

南冰洋——我是最年轻的洋

有的同学可能在别的书上看到“五大洋”这样的说法，这是因为国际海洋学家发现南极海有不同洋流，于是，国际水文地理组织于2000年确定其为一个独立的大洋。如果根据这种说法，那么南冰洋就是最年轻的大洋。

南冰洋也称南极海或南大洋，是围绕南极洲的海洋，也是太平洋、大西洋和印度洋南部的海域，大致在南纬60° 以南。以前人们一直认为太平洋、大西洋和印度洋一直延伸到南极洲，南冰洋的水域被视为“南极海”，不过现在它已经被划分为一个单独的、最年轻的大洋。

珊瑚海——我是海中的翘楚

世界上最大的海是珊瑚海，因众多的环礁岛、珊瑚石平台像天女散花一般，散落在广阔的海面上，因此得名珊瑚海。珊瑚海是世界上最大的海，面积479万平方千米，几乎相当于我国国土面积的一半。珊瑚海位于太平洋西南部，一般水深不到70米，新不列颠岛西侧海沟最深达9174米。珊瑚海海水洁净，含盐度和透明度很高，水呈深蓝色。珊瑚海的周围几乎没有河流注入，水质污染小，为海洋动植物提供了优越的生活和栖息条件，珊瑚海盛产鲨鱼，还产鲱、海龟、海参、珍珠贝等。这里曾是珊瑚虫的天下，它们巧夺天工，留下了世界上最大的堡礁——大堡礁；在大陆架和浅滩上，以岛屿和接近海面的海底山脉为基底，发育了庞大的珊瑚群体，形成了一个个色彩斑斓的珊瑚岛礁，珊瑚岛礁镶嵌在碧波万顷的海面上，构成了一幅幅绮丽壮美的图景。

珊瑚虫

大堡礁

马尔马拉海——我是最小的海

马尔马拉海是亚洲小亚细亚半岛同欧洲巴尔干半岛之间的内海，它是世界上最小的海，东西长270千米，南北最宽处70千米，面积1.1万多平方千米，只相当于我国的4～5个太湖那么大。马尔马拉海海岸陡峭，平均深度183米，最深处达1355米，它是黑海与地中海之间的唯一通道，属黑海海峡。

马尔马拉海

红海——我是最咸的海

红海位于非洲东北部与亚洲阿拉伯半岛之间，呈狭长形，长2100千米，最宽处306千米。它的西北面通过苏伊士运河与地中海相连，南面通过曼德海峡与亚丁湾相连。

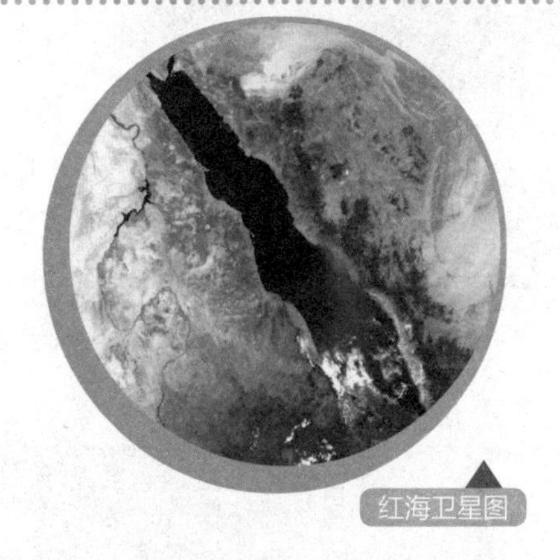
红海卫星图

红海是印度洋的陆间海，实际是东非大裂谷的北部延伸。虽然名叫红海，但是大部分时间红海不红，只有特定时期受浮游于海面的微生物群和死后呈红褐色的海藻的影响才呈现出红色。红海是世界上盐度最高的海域，其盐度在41左右，是其他深层海水盐度的2～9倍。

被沙尘暴笼罩的红海

深入沙漠——冒险四部曲

地球上1/3的陆地是沙漠。沙漠中黄沙漫漫，昼夜温差大，因为水少，生命也比较少，人烟尤其稀少，现在我们就去那儿一探究竟。

1 “死亡之海”——塔克拉玛干沙漠

沙漠中的绿洲

遵循就近原则，我们首先深入探险的是塔克拉玛干沙漠。塔克拉玛干沙漠位于中国新疆维吾尔自治区的塔里木盆地中央，是中国最大的沙漠，也是世界第二大流动性沙漠。它东西长约1000千米，南北宽约400千米，海拔840～1200千米，面积33.76万平方千米。也许在人们心中，塔克拉玛干沙漠就是一个“死亡之海”。沙漠平均年降水量不超过50毫米，最低只有四五毫米，而平均蒸发量高达2500～3400毫米。在这一片荒漠中，金字塔形的沙丘屹立于平原以上300米，狂风吹起沙墙，高度可达3米。沙漠里沙丘绵延，受风的影响，沙丘时常移动。荒漠上除了少量的植物，连动物也很少出现。许多人认为那些动物一般只会在晚上出现，白天过高的温度让它们无法承受。

2 走访最大的沙漠——撒哈拉沙漠

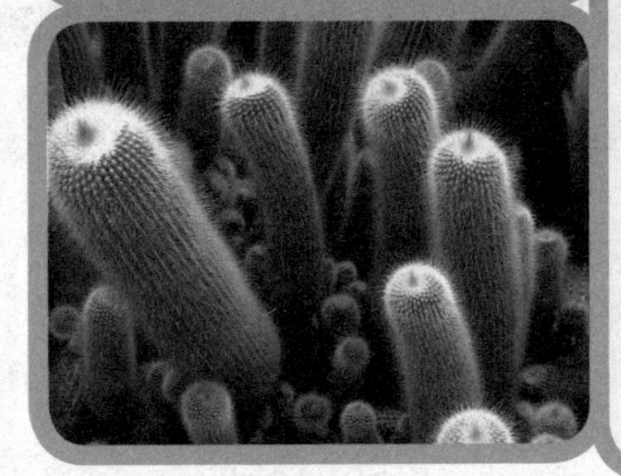

在阿拉伯语中，“撒哈拉”就是沙漠的意思。撒哈拉沙漠横贯非洲大陆北部，东西长达5600千米，南北宽约1600千米，其总面积约960万平方千米，是世界最大的沙漠，亦是世界第二大荒漠，仅次于南极洲。撒哈拉大沙漠还是世界上接受阳光最多的沙漠，气候条件十分恶劣，是地球上最不适合生物生长的地方之一。这片大沙漠中遍布沙丘、沙滩、沙质荒漠、岩漠等，高地多石，山脉陡峭，风沙盛行，沙暴频繁，春季是沙暴的高发季节。因此，撒哈拉沙漠中动植物稀少。但撒哈拉沙漠中并不是没有生命，这里存活着300多种沙生动物，还有许多鸟类，常见的爬行动物是蜥蜴。你们千万别忘了，世界上最长的河流——尼罗河，是从中非洲横跨撒哈拉沙漠一直流到地中海的，因为有这些河流，绿洲形成，给沙漠带来了一些生机。

3 探险“沙漠花园”

澳大利亚沙漠位于澳大利亚西南部，面积约155万平方千米。澳大利亚沙漠降水十分稀少，干旱异常，夏季的最高温度可达50℃。这儿终日狂风呼啸，风声猎猎。在所有人都以为这只是个寂静的死亡之谷时，1973 年，澳大利亚一个名叫夫兰纳里的植物学家竟然发现在这片沙漠中有大约3600种植物繁荣共生。如果按单位面积计算，其物种多样性要远远超过南美洲的热带雨林。因此，发现者称这里为“沙漠花园”。生长在这里的植物对水和养料的需求少得可怜，几乎是别处植物的1/10。

4 闯入“地狱海岸”

“地狱海岸”还有一个大名鼎鼎的名称——“骷髅海岸”。骷髅海岸充满危险，这儿交错的水流、8级大风、令人毛骨悚然的雾海以及深海里参差不齐的暗礁，令来往船只经常失事。时至今日，过去失事的船只的残骸依然杂乱无章地散落在世界上最危险荒凉的海岸上。你知道骷髅海岸是在哪儿吗？

骷髅海岸在非洲纳米比亚的纳米布沙漠和大西洋冷水域之间。纳米布沙漠被认为是世界上最古老的沙漠，干旱和半干旱的气候已持续了最少8千万年，从大西洋吹向该地区的空气经过本格拉寒流后变得干燥并冷却下沉，形成干旱气候，让这块沙漠几乎寸草不生，同时产生的浓雾，导致不少船只在这个沙漠附近的海岸（即骷髅海岸）发生意外。由于沙漠慢慢填平西边的海，一些失事船只现在已位于内陆50米处。

骷髅海岸边的船只残骸

研究室——北纬30°上那些神奇的事

画家笔下的巴比伦空中花园

在地球仪上面，我们可以看见一条清晰的纬线——北纬30°。这条线穿越许多神奇的秘境，如美国的密西西比河、埃及的尼罗河、中国的长江、地球上最高的珠穆朗玛峰、最深的西太平洋马里亚纳海沟、神秘百慕大三角、埃及金字塔……这些神奇秘境是不是让你特别期待？我们一起去看看吧！

先去看看神奇的自然景观

世界最高峰——珠穆朗玛峰：珠穆朗玛峰高8848.86米，为世界第一高峰。珠峰山体呈巨型金字塔状，山顶终年积雪，地形极端险峻，环境异常复杂。

世界最低点——马里亚纳海沟：世界上最深的海沟，最深处为11034米。马里亚纳海沟位于西太平洋马里亚纳群岛以东。

最壮观的海潮——钱塘江大潮：钱塘江大潮发生在中国浙江钱塘江，每年农历的八月十八潮头上涌，低者两三米，高者数十米，轰鸣而来，名动天下。

珠穆朗玛峰

潜水艇深入海沟

钱塘江大潮气势惊人

人文景观也不落后

巴比伦空中花园：空中花园是古代世界七大奇迹之一，现已不存于世。据传，空中花园采用立体造园手法，将花园放在4层平台之上，由沥青及砖块建成，平台由25米高的柱子支撑，并且有灌溉系统，园中种植各种花草树木，远看犹如花园悬在半空中。

失落的玛雅文明：玛雅文明是中美洲古代印第安人文明，因印第安玛雅人而得名，约形成于公元前1500年，主要分布在墨西哥东南部、危地马拉、巴西、伯利兹以及洪都拉斯和萨尔瓦多西部地区。玛雅文明在科学、农业、文化、艺术等诸多方面，都作出了极为重要的贡献。最让人惊讶的是，8世纪左右，玛雅人放弃了高度发展的文明，大举迁移。玛雅文明一夜之间消失于美洲的热带丛林中。

古老的埃及金字塔：埃及金字塔始建于4500年前，是古埃及法老（即国王）的陵墓。金字塔是用巨大石块砌成的方锥形建筑，陵墓基座为正方形，四面则是四个相等的三角形，因形似汉字"金"字，故译作"金字塔"，是古代世界七大奇迹之一。埃及迄今已发现大大小小的金字塔110座，最大最有名的是位于开罗西南面吉萨高地上的祖孙三代的3座金字塔。

一大波动物即将靠近

动物是人类的朋友，它们出现在我们生活中的每一个角落，给我们带来欢乐、提供帮助，当然偶尔也会带来点儿小麻烦。那么，你真的认识它们吗？今天让我们走进演播室，透过镜头去看看这些小家伙们，大家一块儿来吧！

第一节 综艺频道——关注动物的精彩生活

动物生活十分精彩。它们有的身怀绝技，有的聪明异常，有的耐性十足……走，一起去瞧瞧！

“百变动物秀”——认识一下变脸高手

变色龙

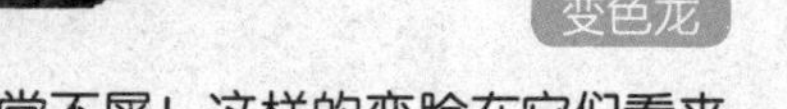

川剧里面有一门绝技——变脸，演员只要转个身就能换一张脸，这门绝技总是能赢得满堂喝彩。不过，你看，下面这些家伙可对此非常不屑！这样的变脸在它们看来就是小儿科……

镜头一：“变脸界”的一代宗师

现在你看到的是一只变色龙，此刻它全身绿油油的，趴在绿油油的草地上，你非得仔细看，才能看清它的模样。它渐渐地往前爬，前面是一堆枯黄的落叶，我们的镜头继续跟进——你一定以为这下能清楚地看见它了！不，它已经把自己变成枯黄色。这神奇的本领是不是让你啧啧称奇？

变色龙的皮肤含有色素

变色龙，学名避役，是蜥蜴类的

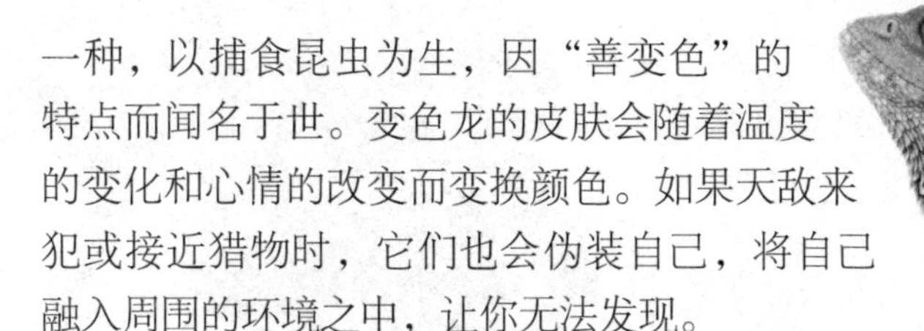

一种，以捕食昆虫为生，因“善变色”的特点而闻名于世。变色龙的皮肤会随着温度的变化和心情的改变而变换颜色。如果天敌来犯或接近猎物时，它们也会伪装自己，将自己融入周围的环境之中，让你无法发现。

蜥蜴

变色龙之所以会变色，是因为其皮肤的细胞里含有4种色素：红、黄、褚、绿。当受到外界刺激后，神经系统开始调控皮肤里的色素细胞。比如，外界是绿色的，皮肤中的绿色素受到刺激，就立刻像树枝一样伸展开，布满整个细胞，同时，其余3种色素就收缩成为微细的个点。这时候，皮肤就变成了绿色。

镜头二：聪明的章鱼“七十二变”

嘿，现在我们已经来到了海底。跟随着我们的镜头，你会看到一只大家伙朝你游了过来！那只大家伙是只大章鱼。千万别小看它了，它同样会变色哟！在海底，遇到石头它能模仿石头的颜色，遇见珊瑚它能模仿珊瑚的颜色，也许它就在你身边你也看不出来。最厉害的是，它能一次变6种颜色哟！说一个让你目瞪口呆的例子吧：一位美国科学家把章鱼放在报纸上进行解剖。然后，他惊奇地发现这个家伙，竟然把自己的

你看到的不是石头，而是大蓝圈章鱼

身体变成像报纸一样，一条黑一条白，黑的是字，白的是空行。它变色的原理和变色龙也差不多。所以你瞧，它有不屑我们变脸技术的资本。

章鱼属于软体动物。章鱼有3个心脏，8条腕足，每条腕足有240个吸盘，它的战斗力可见一斑。除此之外，它还能喷射“墨汁”，有些章鱼可连续喷射6次，这些“墨汁”既能干扰敌人，还含有麻痹敌人的毒素。同时，章鱼具有发达的大脑。将食物放在一个有盖的玻璃瓶子内，章鱼会懂得要打开瓶盖进食。

镜头三：随着季节变变色

现在，跟着我们前往一个遥远的地方。是北极，还是黑龙江？我们要去找一种会随着季节变色的鸟类。嘘，小声点儿，你看到了吗？在那儿！雪地上一团白色的东西——那就是柳雷鸟，又叫雷鸟、柳鸡、苏衣尔、雪鸡。

柳雷鸟虽然不像上面两位“老兄”那样随时能变色，但是它的本领也不赖：在夏季的时候，柳雷鸟是黑褐色和白色相间；到了秋季，它们的羽毛都变成了棕黄栗色，上面还布满黑色的斑纹；进入冬季，它们全身的羽毛都变为白色，仅尾羽和飞羽的羽干为黑色。

柳雷鸟是松鸡家族中的一种中等体型的鸟，主要分布于欧亚大陆的北部至蒙古、乌苏里及萨哈林岛，已被列为国家二级重点保护野生动物。

“爸爸去哪儿”——奇妙的迁居活动

随着季节变化，动物们会进行一次方向确定、有规律、长距离的迁居活动。在动物界，类似的活动非常常见，昆虫界称为“迁飞”，鱼类则称为“洄游”，哺乳动物则称为“迁移”，鸟类一般都叫“迁徙”。现在，我们分别请了这四类中的代表说说它们的经历。

小燕子——年年春天到这里

“才下过几阵蒙蒙的细雨。微风吹拂着千万条才展开带黄色的嫩叶的柳丝。青的草，绿的叶，各色鲜艳的花，都像赶集似的聚拢过来，形成了光彩夺目的春天。小燕子从南方赶来，为春光增添了许多生机。”

燕子是燕科鸟类的通称。它体形小巧，两翅尖长，尾羽平展时呈叉状，飞行时捕食昆虫，全世界除南极洲以外各地都有分布。我国的燕子共有9种，春夏时节遍布全国各地，到了秋冬，北方食物匮乏，为了生存，它们就开始飞往南方。燕子是典型的迁徙候鸟，一般在第一次寒潮来临之前就会迁往南方，不过它们不像大雁一样有组织、有纪律地飞，就是成群结队地飞。

大麻哈鱼——为了下一代的悲壮之行

大麻哈鱼，又称大马哈鱼、狗鲑等。大麻哈鱼是洄游鱼类，多数出生于淡水之中，不远千里前往大海生活，成熟后，又义无反顾地回到生育它们的故乡进行繁殖。北美的大鳞大麻哈鱼的洄游真是生物界的一次悲壮之举。它们一路上要躲避海中的天敌——海豚、虎鲸的追逐杀戮，河流上游的棕熊的虎视眈眈，白头海雕、北极鸥的生杀掠夺……好不容易“虎口脱险”，回到自己的出生地，它们生产完下一代，体力已经全部耗尽后，等待它们的只有死亡。

国王蝴蝶——为食物而奔波劳累

国王蝴蝶又叫日落蛾，是一种白天飞行的蛾，属于燕蛾科。它被认为是最美丽、最富感染力的鳞翅目昆虫之一，它声名远扬，是收藏家们的心头宝。国王蝴蝶是黑色的，有红色、蓝色和绿色斑纹。翅膀边缘有白鳞带，后翅上部较宽，还有6条尾，长相十分艳丽。国王蝴蝶是马达加斯加的“特产”。

国王蝴蝶的迁飞仅仅是因为食物——这和其他动物的迁移稍有不同。它唯一的食物来源是脐戟。马达加斯加西边的脐戟是干燥的落叶林，当叶子落后，为了不饿肚子，国王蝴蝶不得不迁往东边的雨林，那儿的对叶脐戟是它们仅有的食物。

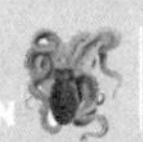

驯鹿——一场胜利大逃亡

驯鹿，又名角鹿，是鹿科驯鹿属下的唯一一种动物。驯鹿的身体上覆盖着轻盈而极为抗寒的毛皮，身长在1.5～2.3米之间，雄性和雌性驯鹿头上都长角，长角分枝繁复，有的超过30叉，蹄子宽大，悬蹄发达，尾巴极短。

驯鹿每年都要进行一次长达数百千米的大迁移。春天一到，它们便离开森林和草原，沿着几百年不变的既定路线往北进发。雌鹿打头，雄鹿紧随其后，浩浩荡荡，长驱直入，日夜兼程，边走边吃。雌鹿一般在冬季怀胎，在春季迁移的途中生育。幼仔生下两三天后，就可以跟着雌鹿赶路，一个星期之后，它们的速度就能像父母一样快，每小时可以迁移48千米。

“动物达人秀”——寻找有建筑天赋的动物

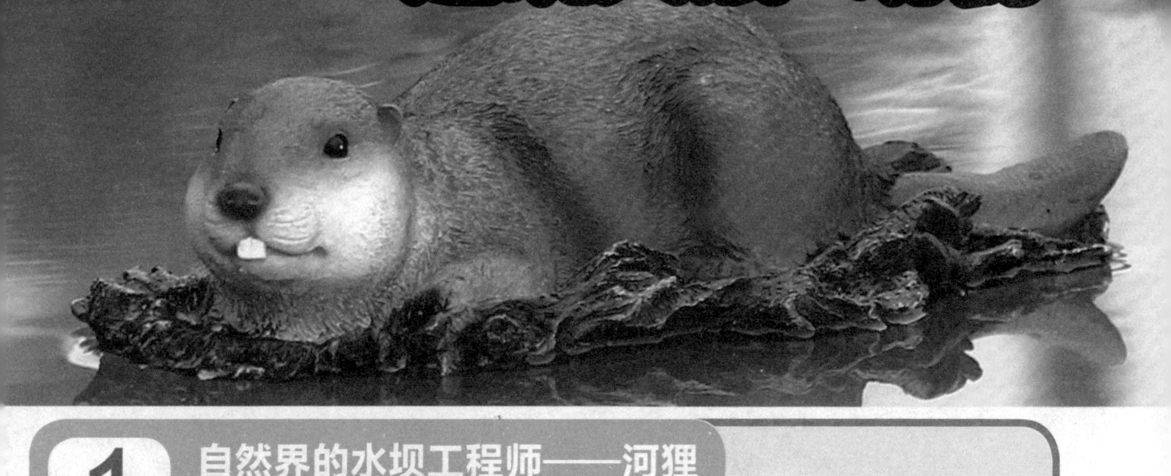

1 自然界的水坝工程师——河狸

河狸过着半水栖的生活，体形肥壮，头短，眼睛、耳朵小小的，脖子也很短。河狸门齿锋利，咬肌尤为发达，一棵直径40厘米的树只需2小时就能咬断。

河狸的家庭观念极重，因此总是花费大量的时间精心修建自己的家。它们筑起小水坝，并在水坝四周围起静水区，以此建成自己的巢穴。除了休息，巢穴还是河狸觅食的处所。因此，它们被称为“自然界的水坝工程师”。河狸对大片生态环境区域所作的改造有助于维护沼泽地的生态环境，养护生活在其间的各种动植物，例如鱼类、水獭、水禽、狐狸和獐等。

2 最精密的建筑师——蜜蜂

全世界已知的蜜蜂约1.5万种，中国已知的约1000千种。蜜蜂在飞行时采食花粉和花蜜，并酿造蜂蜜。蜜蜂是群体生活的昆虫，一个蜜蜂群体有几千到几万只蜜蜂，由1只蜂后、少量的雄蜂和众多的工蜂组成。蜂后负责繁衍后代，是蜜蜂群体中唯一能正常产卵的雌性蜂；雄蜂负责与蜂后交配，一般在繁殖季节出现多，交配后立即死亡；工蜂是蜂群中繁殖器官发育不完善的雌性蜜蜂，在同一蜂巢中的工蜂可以分为3个不同的工蜂群：保育蜂、筑巢蜂和采蜜蜂。

今天，我们就来夸夸这群筑巢蜂的精心杰作。蜂巢由众多正六边形的蜂蜡巢室所组成。六边形结构可以在体积下用最少的材料建造最宽敞的巢室。蜂巢的中心线基本是水平的，而巢室的非角度行排也是水平地排成一线。而巢室的斜度是微微地向上，在9～14°之间，朝向开端，这样蜂蜜便不会流出。

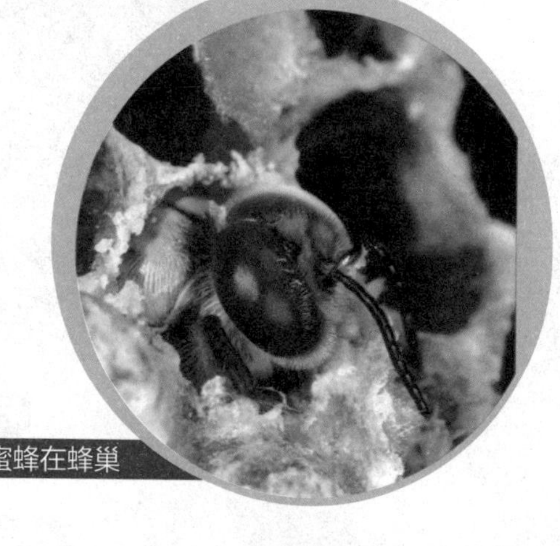

蜜蜂在蜂巢

3 最有创意的建筑师——白蚁

白蚁是昆虫的一种，在地球上生活2亿多年了。虽然它们常常破坏人类的建筑，不过在建筑自己的房子上面，它们可一点儿也不含糊。

白蚁的房子建构合理，通风良好，既坚固又实用，可供数百万只白蚁栖息，其内有产卵室、育幼室、隧道、通风管，可以与人类顶级建筑师的精心杰作相媲美。白蚁巢里有无数细小的地下隧道连接周遭环境，当气候变暖时，空气上升，和下方的蚁穴产生压差，外头的空气就自然流入巢内平衡气压；因为蚁穴位于深层土壤，温度不会产生剧烈变动，并且透过气流平衡，外部的温度、湿度会决定流进蚁穴的空气中保留多少水分，如同天然的空调。

白蚁的房子还是动物界中的摩天大厦，非洲与澳洲的高大白蚁冢，常由十几吨的泥土所砌成，一般有5～6米高（最高有9米），呈圆锥形塔状，为当地特有的景观。虽然在你看来这几米不算什么，但是想想白蚁那不足1厘米的身长吧！这群建筑师往往不住在土丘里，而是住在“地下室”。“地下室”可能深入地下60厘米，而白蚁的工具只有自己的口水和泥土。这些白蚁花费巨大的心力修建自己的家园，因此当家园受到威胁的时候，它们宁愿和敌人同归于尽。

复杂的白蚁巢

白蚁

白蚁巢

“直通吉尼斯”——创造吉尼斯纪录的动物

最大的动物——蓝鲸

蓝鲸是世界上最大的哺乳动物，也是地球上现存的块头最大的动物，体长可达33米。目前有记录的最长的蓝鲸为两头雌鲸，分别为33.6米和33.3米，重达180吨。

蓝鲸的身躯瘦长，背部是蓝灰色的，在水中看起来颜色比较浅。蓝鲸的舌头大约重2.7吨，当其全部伸展开时可以攫取90吨重的食物与海水。蓝鲸的心脏重600千克，也是已知的生物中最大的。刚出生的幼鲸体重就能达到2700千克，幼鲸在出生后的7个月内，每天要喝400升的母乳。幼鲸的生长速度很快，体重每天能增加90千克。虽然有着巨大的舌头和嘴巴，但蓝鲸还是与其他须鲸一样，以小型的甲壳类动物（例如磷虾）与小型鱼类为食，有时也吃鱿鱼。

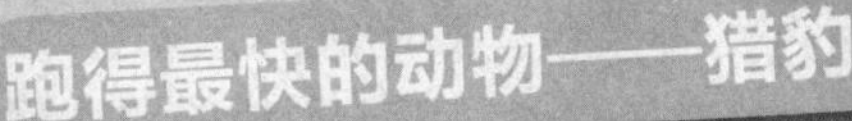

跑得最快的动物——猎豹

猎豹是猫科动物的一种，也是猎豹属下唯一的物种，现在主要分布在非洲与西亚。猎豹在猫科动物中块头算是较小的，但是它体形健壮，胸膛壮阔，腰部纤细，身体线条很美。猎豹的脑袋、嘴巴比较小，鼻子比较宽，视力非常好，还有一个超大号的鼻孔，这些外形条件都确保了猎豹能进行高速的奔跑。和狮子等动物靠群体攻击、偷袭等捕猎的方式不同，猎豹依靠速度来捕猎，它的速度是陆地动物中最快的，全速奔驰的猎豹，时速可以超过120千米。

树懒

最懒的动物——树懒

树懒是哺乳纲披毛目树懒亚目下动物的通称。树懒生活在热带森林中，动作迟缓，常用爪子倒挂在树枝上数小时不移动，故得树懒之名。树懒的移动速度非常慢，在树上，它的速度只有每分钟4米；到了地面上，它就更迟缓了，每分钟只能移动2米。树懒非常懒，除了睡觉，什么事都懒得做，甚至懒得去吃，懒得去玩耍，能耐饥饿1个月以上，非活动不可时，动作也是懒洋洋的。就连被人追赶、捕捉时，它也好像若无其事似的，慢吞吞地爬行。

三趾树懒

飞得最高的鸟——天鹅

天鹅种类不多。大多数天鹅生活在北半球，羽毛多为白色，脚黑色。其中疣鼻天鹅体重可达23千克，是较重的能飞的鸟类。由于天鹅的羽毛洁白，体态优美，叫声动听，行为忠诚，所以人们不约而同地把白色的天鹅作为纯洁、忠诚、高贵的象征。疣鼻天鹅是北半球天鹅的代表，是飞行能力最强的鸟类之一。南半球有黑天鹅和黑颈天鹅。天鹅是世界上飞得最高的鸟类之一，能飞越珠穆朗玛峰。

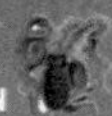

第二节 探索频道——寻找最特别的动物

动物中有许多“奇人异士”，它们生活在世界的各个角落，今天我们把它们一一请出，大家擦亮双眼吧！

最萌动物大对决

最近动物界展开了一场最萌动物大对决，动物们纷纷崭露头角，最后决赛的五位参赛者已经票选出来了。现在就让我们来看看这几位参赛者吧。

第一位：大熊猫

姓名：大熊猫，别名猫熊、竹熊，被誉为活化石、中国国宝。

年龄：10岁（风华正茂，寿命一般能达到30岁）。

祖籍：中国（中国特产）。

长相：胖嘟嘟的身体，肥硕似熊，丰腴富态，头圆尾短，体长约1.5米，体重80～120千克。头部和身体毛色黑白相间，但黑非纯黑，白也不是纯白，而是黑中透褐，白中带黄。脸颊圆圆的，有一对大大的黑眼圈，走起路来是标准的“内八字”。别看它外形憨厚老实，其实它也有锋利的爪子，千万别惹怒了它。

兴趣爱好：吃竹子、睡觉（每天只做这两件事，一半时间睡觉，一半时间进食）。

上榜理由：它们非常灵活，能够把笨重的身体摆成各种各样的姿势。最喜欢的姿势便是后肢撑在树上，用前掌遮住眼睛。初次见人，它们十分温顺、害羞，常用前掌蒙面或把头低下，不露真容。它们可以像猫一样把身体伸直，前掌伸开，后半身抬起，让身躯灵活舒展。偶尔睡醒以后，还会伸直前肢打哈欠。如果被水淋湿或涉水过河后，也可以像狗一样把身上的水抖掉。

第二位：红袋鼠

姓名：红袋鼠，别名红大袋鼠、赤大袋鼠。

年龄：8岁（风华正茂，寿命能达到22岁）。

祖籍：澳大利亚大陆。

长相：红袋鼠是非常大的袋鼠，长有红褐色的短毛，下身及四肢的毛色呈黄褐色。它们的耳朵尖长，吻呈方形。它们前肢有细小的爪，后肢粗壮适合跳跃，尾巴强壮可以帮助站立。忘了说了，它们的脚有点儿像橡皮圈。

兴趣爱好：跳高（它们可以跳3米高，9米远，时速能达到60千米以上）。

上榜理由：跳起来很高，很可爱，是跳得最高最远的哺乳动物。所有的雌性红袋鼠还有一个育儿袋，小袋鼠就在育儿袋里被抚养长大，直到它们能在外界生存。在跳跃着的雌袋鼠身上，你不时能看到小袋鼠探出脑袋，多可爱呀！

第三位：长颈鹿

姓名：长颈鹿，别名麒麟、麒麟鹿、长脖鹿。
年龄：5岁（风华正茂，寿命能达到25岁）。
祖籍：非洲（非洲特产）。

长相：长颈鹿身高6～8米，雄性重达900～2000千克，雌性稍轻一点儿；颈部长度平均为2.4米。长颈鹿的头顶均生有1对外包皮肤和绒毛的小短角，其耳后和眼后还有2对角，但不是很明显。有的雄性长颈鹿额头的中央还长有一只角。因此，它们就有6～7只角。长颈鹿的眼睛长在头顶上，大大地突出来。长颈鹿全身的毛稀疏且短小，身披浅黄底色、镶有布满大小不同的黑褐色花斑网纹的外衣，这件外衣还是一种天然的保护色。

兴趣爱好：吃各种树叶（一头长颈鹿每天能摄入63千克树叶和嫩枝）。

上榜理由：彬彬有礼的绅士，温柔的眼睛萌化人心。长颈鹿性情温柔，群体之间谦和文雅，彬彬有礼。它们的举动那么随和、亲切、自然，完全配得上它们那美丽的外貌。它们彼此之间温情脉脉地相伴来去，互相照应。它们长长的腿经常碰在一起，头颈相交，温柔而细心地交流着，像是一丛高大的芭蕉树，同根相生，相互守候。这种互相靠近既是出于一种温情，也是为着安全想。

第四位：羊驼

姓名：羊驼，别名驼羊。

年龄：12岁（风华正茂，寿命能达到25岁）。

祖籍：南美洲（约90%的羊驼生活在秘鲁及智利的高原上）。

长相：羊驼脸像绵羊，外形像骆驼，因此得名羊驼。它的颈较长，蹄子是肉质的，走路的姿态和骆驼类同，胃里也有水囊，可以数日不饮水。但是它身体较小，背上无肉峰，四肢很细，脚的前端有弯曲而尖锐的蹄。脸细长，耳尖长，眼睛很大，尾巴短，毛细长，看起来非常“清秀”。特别是它的足趾，比骆驼要分开得多，这是其为了适应在岩石上行走和涉水游泳。

上榜理由：羊驼的长相用网上流行词来讲就是——呆萌呆萌的。它们那永远睡不醒的神情，极具视觉感的外形，一下子让它们的形象深入人心。

羊驼生活在比较寒冷的地方

第五位：毛丝鼠

姓名：毛丝鼠，别名绒鼠、栗鼠、龙猫。
年龄：8岁（风华正茂，寿命能达到20岁）。
祖籍：智利和玻利维亚等国的安第斯山脉。

长相：体形小而肥胖，体长约25厘米，尾端的毛长而蓬松，全身长满浅灰色的、均匀的绒毛，如丝一样致密柔软，故名毛丝鼠。毛丝鼠一个毛孔有高达60～80根毛，寄生虫不易生存，以皮毛柔软、漂亮而闻名于世，现因遭人类滥杀而濒临灭绝，属于极危物种。

兴趣爱好：跳跃，能跳1米多高。

上榜理由：毛丝鼠之所以这么出名，是因为它的样子与日本动画大师宫崎骏执导的动画片《龙猫》中的主人公龙猫太郎十分相似。也因此它的大名“毛丝鼠”反而不如小名“龙猫”那样出名。

走进南北极，

南北极是世界上环境最恶劣的地方，酷寒让那儿的动物非常稀少。现在就让我们一起走进南北极，为那些与大自然抗争的勇士而鼓掌喝彩。

优雅的绅士——企鹅

企鹅身体肥胖，生活在寒冷的南极。目前已知的企鹅约有17种，有王企鹅、帝企鹅、阿德利企鹅、黄眼企鹅、白鳍企鹅等。企鹅羽毛密度比同一体形的鸟类大3～4倍，这些羽毛的作用是调节体温。企鹅双脚的骨骼坚硬，翼很短，这样使它们可以在水底“飞行”。企鹅双眼有平坦的眼角膜，所以可以在水底及水面看见东西。企鹅走起路来十分滑稽，一摇一摆的，简直就像老年绅士。

从外形来看，在所有的鸟中，企鹅是长得最不像鸟的。企鹅的生活方式和大多数鸟也有着明显的区别：它们既不能在天上飞，也不能在地上奔跑，但它们是鸟类中最出色的潜水员。到了水里，企鹅似乎一下子就找到了感觉，变得异常灵活。它们的翅膀变成了桨，脚也变成了尾鳍，靠着流线型的体型，它们在水里来去自如。不过，企鹅毕竟不是鱼，和别的鸟一样，它们也要呼吸空气。所有企鹅无法一直待在水中，它们可以一口气在水下待大约20分钟。

为勇士喝彩

凶猛的杀手——北极熊

北极熊长着一身白色的绒毛，外表看起来憨态可掬，可十分可爱。可事实上，北极熊是陆地上最庞大的肉食性动物。在它的地盘上，它位于食物链最顶层。北极熊直立起来高达3.3米，重约800千克，相当于4头公非洲狮。尽管身躯庞大，北极熊的奔跑速度还是很快，时速约达40千米，还能以每小时10千米的速度游泳呢！

北极熊的皮毛分为上下两层，上层毛光滑而长，下层毛短而密。北极熊的毛其实是透明的，看起来是白色的，是因为受阳光的折射，白色的皮毛能使北极熊在冰层上悄悄地跟踪并突袭猎物。年幼的北极熊皮毛是纯白色的，可帮助其伪装和躲藏，长大后皮毛就会慢慢转为乳黄色。不仅如此，北极熊的毛是中空的小管子，能锁住空气并防止水渗入。

北极熊是熊科里最喜爱食肉的动物，亦是同类动物里最喜爱吃鱼的家伙。它们主要的食物为海豹，特别是环斑海豹，不过它们亦会进食任何能够被其猎杀的动物，如贝类、蟹、幼鲸等。

稀奇古怪的狩猎习惯

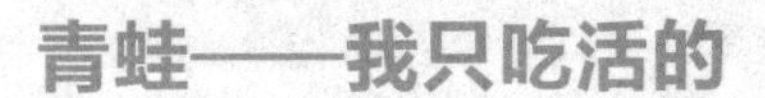

青蛙——我只吃活的

今天我们说的不是青蛙王子，而是池塘、稻田里随处可见的青蛙。它们其貌不扬，嘴巴大，眼睛小，皮肤坑坑洼洼，和王子没有什么关系，倒是丑得“名声在外”。我们常说的，想吃天鹅肉的癞蛤蟆也是青蛙家族的一员大将。青蛙最爱吃苍蝇和飞蛾，一只青蛙每天可以吃掉六七十只害虫，一年就能消灭近万只害虫。别看它们每天坐在那儿“呱呱呱”，其实它们蹲守的时候，就是在捕猎，只要猎物从它们眼前飞过，它们长长的、分叉的舌头一卷，然后一吞，害虫就进了青蛙的肚子。青蛙吃东西很挑剔，它们只吃活的……你知道这是为什么吗?

原来，青蛙的眼睛很特别。它们视网膜上的神经细胞分成5类，一类只对颜色起反应，其余四类只对运动目标的某个特征起反应，并能把分解出的特征信号输送到大脑视觉中枢——视顶盖。这就好像在4张透明纸上画图，叠在一起，形成完整的图像。在迅速飞动的各种小动物里，青蛙可立即识别出它最喜欢吃的苍蝇和飞蛾，而对其他飞着的东西和静止不动的物体都毫无反应。

秃鹫——我只吃死的

秃鹫又称坐山雕，是一类以食腐肉为生的大型猛禽。在我国的西部山地经常能看到它。秃鹫体长约1.2米，羽毛主要为黑褐色，脖子后面、头部的毛比较少，或者干脆是秃的。这样虽然不美观，但是很实用，既方便它们把头伸进动物尸体内，又省得被沾上血，这个部位它们可没有办法自己清洁。

秃鹫很少捕猎健康的食物，它们爱好腐尸，所以经常会飞上天空观察哪儿有倒下的动物。一旦发现目标，它们就在附近一直等候观察，它们的耐性很好，有时候一等就是2天。假如动物仍然一动也不动，它们就慢慢飞近，近距离察看对方的腹部是否有起伏，眼睛是否在转动。倘若还是一点儿动静也没有，秃鹫便开始降落到尸体附近，悄无声息地向对方走去。它们十分谨慎，行走时，张开嘴巴，伸长脖子，展开双翅，随时准备起飞。当经过再三确认，发现没有危险后，它们就立即用自己尖利的嘴巴撕开猎物的尸体，大快朵颐。

秃鹫看到别的动物抓捕到猎物后，也会在低空小心翼翼地观察，只要情况允许，远远近近的秃鹫就一拥而上，准备分一杯羹，它们常常为食物争得“面红耳赤”。当然，如果争不过，它们的脸又会变白，然后灰溜溜地走到一边。

响尾蛇——用声音迷惑你们

响尾蛇，顾名思义就是尾巴会响的蛇，它们是一类毒蛇，毒性较强，能破坏人类的血液组织功能。所以在夏天的夜晚，当你在野外听到“嘎啦嘎啦”的声音，一定不要好奇心太重，赶紧躲开点儿，说不定前面就有一条响尾蛇呢！

也许你会觉得响尾蛇有点儿笨，它这样走到哪儿响到哪儿，还怎么捕猎！其实，响尾蛇发出声音就是为诱惑猎物呢，你听，这“嘎啦嘎啦”的声音，多么像小溪潺潺流动的声音哪！吃饱的小动物们正想喝一点儿清凉的溪水，一上前，正好就落进了响尾蛇的圈套里。有时，当响尾蛇受到威胁的时候，也会发出这样的声音，警告对手；有时，这声音也是它们和伙伴交流的信号。

响尾蛇之所以会发出声音，是因为它的尾巴上有个响环，响环像一串干燥的中空串珠，摇动时会互相摩擦震荡空气发出声音。刚孵出的幼响尾蛇尾部只有一个响环，响环会随着一次又一次的蜕皮慢慢增加，响环越多发出的声音也就越大。

虎鲸——我会装死等待你

虎鲸又称杀人鲸、逆戟鲸，是海豚科下体形最大的一类。虎鲸是一种非常聪明的食肉动物，它们能够用声音——超声波相互交流；有自己的组织——母系群体，一般由2~9头血缘关系相近的虎鲸组成，此母系群体会长期维持稳定，所有成员会共同分担养育工作。很多科学家甚至认为，虎鲸有自己的文化。

虎鲸的聪明尤其表现在它们捕猎的时候，它们会采取团体作战，利用超声波策划战术。当目标确定后，虎鲸会观察地形——在满潮前观察直达海滩的裂缝沟渠，当满潮时沟渠会灌满水，并在沙滩上形成一片浅水域，此时虎鲸会沿着沟渠冲上海滩，并故意让自己搁浅，躺下"装死"，趁机捕食海狗或海狮。有时，一头虎鲸会露出大背鳍吸引海狗群的注意，另一头虎鲸就会悄悄靠近捕杀海狗，当猎物脱逃时，另一头虎鲸就会冲上去接替捕食。

虎鲸和人体比例图

第三节 新闻频道——最新的动物信息

动物世界的精彩绝对不亚于人类世界，每天都有不同的“新闻”在发生。让我们的镜头走得更远，走向更多的地方吧！

海底三十分钟——与海洋动物的亲密接触

我们已经认识了很多动物，有天上飞的、地上跑的、水里游的……现在，让我们再进入一个动物天堂，去认识一下新朋友吧！

嘿，和你遇见的“海怪”打个招呼

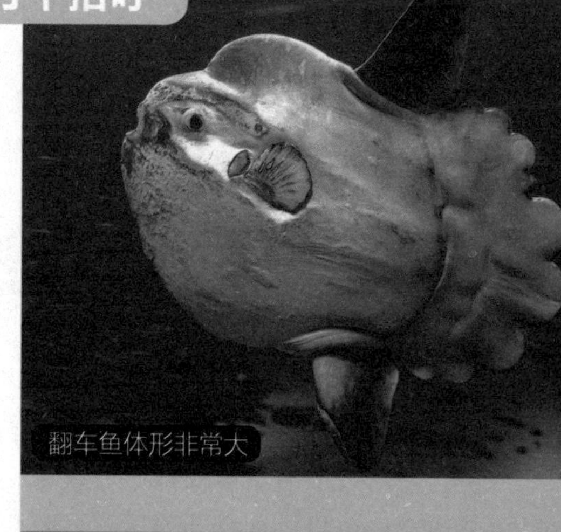

翻车鱼体形非常大

浮在海面晒太阳的翻车鱼

当你进入温带和热带的海域时，你可能会碰见一个个“海怪”。天气晴朗，阳光灿烂的时候，这些“海怪”们会将身体侧翻，平展地浮在海面上晒太阳，它们像睡在海面上一样，随波逐浪地漂荡。它们的身体又圆又扁，像个巨大的碟子；头上长着两只明亮的眼睛，还有像眼睑般的肌肉保护着眼睛；背部和腹部分别长有一个长而尖的背鳍和臀鳍，如同张开的翅膀一样；而它们身体后边还“镶”着一个好像花边的尾鳍，这个退化的尾鳍使它们看上去好像被削去了一块。总之，这个“海怪”长得实在是怪，它就是翻车鱼。

不过，你可不要被翻车鱼凶恶的面貌欺骗了。翻车鱼虽然长得很丑，但是很温柔，它们的性情其实非常温驯。

不要被可爱的“小家伙”迷惑了

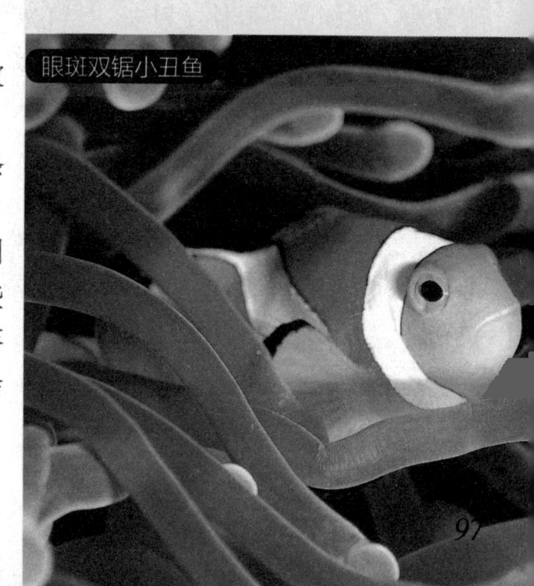

眼斑双锯小丑鱼

进入海洋世界（只要不在大西洋中），你很可能在珊瑚礁里遇见一群群“小家伙”。它们有的是橘红色，有的是咖啡色，有的是黑褐色，且脸上、身上遍布一些条纹。它们就是小丑鱼。

虽然小丑鱼个头儿小，也没有什么锋利的“武器”，但是，你也别小瞧它们。这些“小家伙”把家安在海葵中，带毒刺的海葵就是它们的“保护神”，作为报酬，它们会给海葵提供点儿吃剩的食物。

小丑鱼没有严格的雌雄之分。小丑鱼本是雌性当家，但如果这个家族中的雌鱼不见了，那么雌鱼的“丈夫”会在几个星期至几个月的时间内完全变成雌鱼。这时，其他雄鱼成员中会有一尾最强壮的鱼成为这条雌鱼的“丈夫”。是不是很神奇？

小丑鱼和海葵是好朋友
飞鱼
儒艮的尾鳍是分叉的

接下来，你可要睁大眼睛看清楚了

一条金枪鱼飞快地游动着，它在追逐猎物，现在它的最快速度已经达到了每小时160千米，眼看就要追上前面那个家伙了。美味的诱惑让金枪鱼更快地摆动着尾巴，它张大嘴巴，随时准备吞掉前面的家伙。谁知，变故突生，前面的家伙尾巴越摆越快，然后快速地跃出水面，张开胸前的鳍，竟然飞了起来。金枪鱼悻悻而返，只得再去寻找别的猎物。

现在你一定非常想知道，能从金枪鱼嘴巴里逃出生天的“英雄”是谁吧？它的大名叫飞鱼，是具有滑翔能力的鱼类。飞鱼体态修长，身体侧扁，胸部的鳍十分发达，腹部的鳍也较发达，尾鳍的下叶比上叶长。当它要躲避天敌时，就会迅速摆动尾部，张开胸鳍，飞向空中，它能在空中以“S”形路线滑行100米以上的距离。

当你遇见“美人鱼”，请温柔地对待它们

当你在远远的海面上看到露出半个身子，并用自己的“双手”抱着孩子哺乳的“美人鱼”时，请不要害怕，也许你是幸运地遇见了

海中的美丽精灵——儒艮。

儒艮是美人鱼的原型，为海牛目儒艮科下草食性海生动物。它的身体呈纺锤形，体长约2～3.3米，皮肤光滑，呈灰白色，腹部颜色比背部浅，体表毛发稀疏，尾鳍近似于海豚的“Y”型尾。儒艮是一种海洋哺乳动物，雌性的乳房长在前肢附近，它们哺育幼崽的时候就会露出水面，因此人们常把它们误认成美人鱼。

儒艮的体形和美人鱼很像

虽然儒艮没有人们想象的美人鱼那样美丽，但是它们的性情十分温驯。它们以海藻、海草为食，主要在浅海活动。儒艮全身是宝，所以怀璧其罪，其一直遭到人类的大肆捕杀。因此，当你见到海中的美人鱼时，请你一定要对它温柔一些。

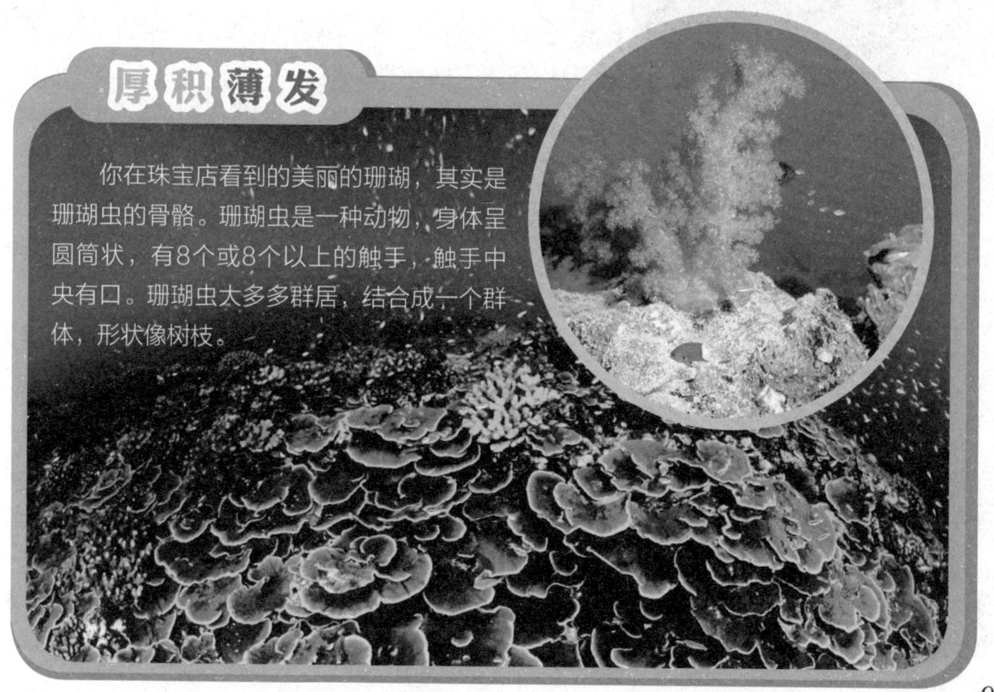

厚积薄发

你在珠宝店看到的美丽的珊瑚，其实是珊瑚虫的骨骼。珊瑚虫是一种动物，身体呈圆筒状，有8个或8个以上的触手，触手中央有口。珊瑚虫大多多群居，结合成一个群体，形状像树枝。

特别报道——记录非洲大草原

看《动物世界》的时候，小朋友们最喜欢的也许就是非洲大草原上的动物们了。那儿有凶悍的狮子、狡猾的鬣狗、凶残的鳄鱼……这些动物拼杀、争食、夺取地盘，用鲜血打破了非洲草原的宁静。现在，我们就带你走进非洲草原，走近这些充满野性的家伙。

1 千万不要小瞧了鬣狗

当你夜行在非洲大草原上，如果听到前面传来一声声“哧哧”的笑声，千万要小心了，不要以为前面有朋友，这很可能是鬣狗们在“笑”。仔细一听，这笑声是很狰狞的，让人毛骨悚然。如果这时你悄悄走上前去，一定会看到一群鬣狗正围着猎物吃。鬣狗们吃东西时会发出一阵阵“哧哧”的“笑”声，也许因为它们太得意了。如果你运气好，还会看见狮子们把鬣狗辛辛苦苦猎到的食物占为己有，而鬣狗们只能在旁边看着，等狮子们吃剩了，才敢上前啃那些残羹冷炙。可怜的鬣狗们真是给我们上了生动的一课，让我们知道什么叫“乐极生悲”——如果它们不“笑”，狮子怎么会来呢！

在非洲草原上，鬣狗也可以说是站在食物链的顶端，虽然它们个子中等，但是速度很快，捕猎时它们能以40～50千米的时速追逐猎物。它们相当聪明，能根据不同的情况布置战术，还群体出动，往往几十只同时出动捕捉猎物，即使非洲大野牛也常常会倒在它们的尖牙利爪下。所以，千万别小瞧了这群家伙。

2 毫无疑问，它们是草原上的赢家

说到百兽之王，我们往往在老虎和狮子之间摇摆不定。它们都是猫科动物，一个生活在草原，一个生活在森林。在森林中，老虎是当之无愧的王者，但是说到非洲草原上的霸主，恐怕大家都会异口同声地说——狮子。是的，在非洲大草原，狮子绝对是大赢家。

狮子体形硕大，一头成年的雄狮平均体重185千克，全长约2.7米。狮子硕大的体形为它们捕捉猎物提供了优势。而且这些大家伙们还喜欢群体生活，一个狮群可以由3～50头狮子组成。一般在一个狮群中，只有一头成年的雄狮。雄狮的主要职责不是捕杀猎物，而是保卫家园，防止其他动物的攻击，维护本群的安全和领地。当然，雄狮不捕食并不表示它们的攻击能力不够，只是因为它们身上深色的鬃毛很容易把自己暴露，所以相对来说，没有雌狮捕食的成功率高。狮子捕食时，会潜伏并靠近猎物，然后跳起将猎物扑倒。它们还会集体合作捕猎，对追不上的猎物，如飞羚，会驱赶至埋伏处然后突袭；对付长颈鹿这种巨大的猎物，会耗尽其体力后再扑倒；对水牛或牛羚等大型猎物，都是从后方抓住腿将其扑倒，再咬住其喉咙使其窒息。

草原上的独行侠——豹 3

在非洲大草原上生活的动物们，如果没有一技之长是无法生存下来的。如果说猎豹是以速度取胜，狮子是以力量取胜，那么豹可以说是以综合力量在非洲大草原上占得一席之地的。

豹既会游泳，又会爬树，嗅觉灵敏，听觉、视觉都很发达，而且它智力超常，善打伏击战，耐性尤其好。豹毛色有浅黄、金黄、黄褐，浑身布满圆形斑纹，因此隐蔽性很强，它能很好地适应不同环境，这些是老虎、狮子所比不上的。

豹会考虑猎物的大小和自己消耗能量的比率，以达到最佳猎食效率。捕猎时，豹会在密林的掩护下，潜近猎物并且突然袭击，攻击猎物的颈部或口鼻部，令其窒息。有时豹会埋伏在树上，等猎物经过时直接从天而降将其制伏。虽然在速度上，豹不能和猎豹相比，但是在捕食方法上，它比猎豹聪明得多。

不过，也许正是因为它太“能干”，所以不屑和同伴们共同生活。豹对领地十分看重，谁要侵犯自己的领地，即使它生性谨慎，也不惜拼死一搏，真不愧是草原上的独行侠。

4 草原淡水河里的霸主——鳄鱼

在非洲草原上的淡水河、湖泊中，生活着一种凶猛的家伙——非洲鳄。说到非洲鳄，人们立刻会想到它的血盆大口，密布的尖利牙齿，全身坚硬的盔甲，以及时刻准备吃人的神态。虽然非洲鳄长着笨重的筒状身体，看起来十分笨拙，但实际上，其视觉、听觉都很敏锐，动作十分灵活。它们有一条带着“钢刺”的尾巴，还有一张血盆大口，内有像钢钉般尖锐的牙齿。它们在潜入水中时，仍能把眼睛和鼻孔留在水面上，因此，那些到河边喝水的动物或取水的人，往往会在毫无警觉的情况下，被非洲鳄咬住拖入水中。再凶猛的动物，比如狮子，见了它也只能以守为攻，主动避让，绝不敢轻易招惹它。

今日关注——小动物们改变我们的生活

动物改变过人类的历史，改变了人类的生活……动物对我们的重要性不需赘言。今天，我们就来看看几个个子小、力量大的动物吧。

苍蝇——讨厌的家伙也有可爱的地方

提起苍蝇，是不是那“嗡嗡嗡”的声音会立刻出现在你脑海中。苍蝇消灭不完，驱赶不走，到处传播疾病和细菌，绝对是人们最讨厌的动物之一。确实，由于家蝇、丽蝇、肉蝇等经常在人类的食物与污物之间往来觅食，因此成了传播细菌、流行性传染病源的元凶。但是，苍蝇真的一无是处吗？

苍蝇具有很强的飞行能力，可在空中固定盘旋，或在高速飞行中急速转换方向。这是因为它的平衡棒是一个“天然导航仪”。人们模仿苍蝇的平衡棒制成了“振动陀螺仪”。这种仪器目前已经应用在火箭和高速飞机上，实现了自动驾驶。苍蝇的头部有1对“复眼”，每只复眼由3000多只小眼组成，人们模仿它制成了“蝇眼透镜”。用“蝇眼透镜”作镜头可以制成“蝇眼照相机”，一次就能照出千百张相同的相片。

“蝙蝠侠”的本领大

在哺乳动物中，蝙蝠的名声似乎不太好。它们形似老鼠，又有双翅，形象实在欠佳。蝙蝠还总喜欢栖息在黑暗的地方，像山洞、树洞等。它们昼伏夜出，且一出现就是哗啦啦一大群，发出刺耳的尖叫声，实在不讨人喜欢。但大部分蝙蝠都喜欢吃昆虫，是消灭害虫的一大能手。

而在科学家眼里，蝙蝠可是一个“大功臣”。虽然蝙蝠捕食猎物时动作十分敏捷，但是它们的眼睛却看不见。实际上，蝙蝠是用耳朵“看”东西的。它们在飞行时会发出一种像波浪一样的声波，这种声波遇到障碍物，会反射回来，当蝙蝠听到了，就会改变飞行方向。于是科学家模仿蝙蝠，给飞机安装上了雷达。雷达可以发出一种类似声波的无线电波，再反射到屏幕上，飞行员就能辨别前面是否有障碍，所以，飞机在夜里也能安全地飞行。

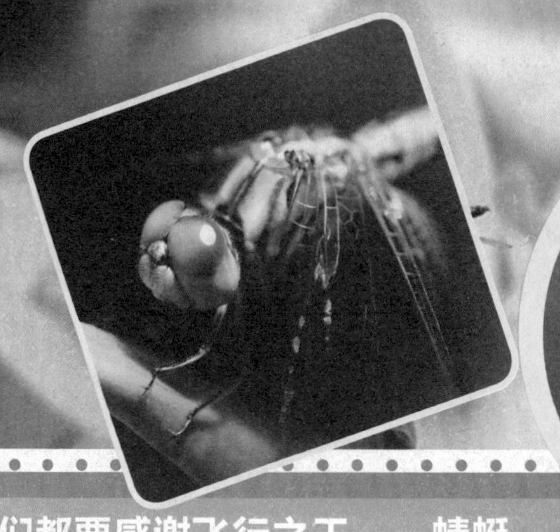

我们都要感谢飞行之王——蜻蜓

当我们安安稳稳地坐在飞机上，在世界各地来来去去的时候，我们都要感谢一种小动物——蜻蜓。蜻蜓的腹部细长，2对翅膀薄而透明，头颈轻盈灵巧，非常适合飞行。它们每秒钟可飞10米，既可突然回转，又可直入云霄，有时还能后退飞行。在长途飞行时，有些蜻蜓居然能不停歇地飞行400～1000千米。在昆虫世界里，蜻蜓是理所当然的“飞行之王”。

蜻蜓能在空中来去自如，但是最初人类发明的飞机却不行。最初，飞机一起飞时，机翼就会振动，飞行越快，机翼振动就越强烈，甚至使机翼折断，许多试飞的飞行员因此而丧生。这时，科学家在蜻蜓身上得到了启示：蜻蜓每个翅膀前缘的上方都有一块深色的角质加厚区，如果把它去掉，蜻蜓就不能平稳地飞行。于是，科学家们在飞机的机翼上也加了这样一个加重装置。从此，飞机的飞行就更平稳了。

知识延伸

科学家根据野猪的鼻子能测毒的奇特本领制成了世界上第一批防毒面具。火箭升空利用的是水母、墨鱼反冲原理。科研人员通过研究变色龙的变色本领，研制出了许多伪装装备。科学家通过研究青蛙的眼睛，发明了"电子蛙眼"。美国空军利用毒蛇的"热眼"功能，研究出了微型热传感器。人类模仿警犬的高灵敏嗅觉，制成了用于侦缉的"电子警犬"。

荧光点点，照亮生活

夜晚，当我们打开电灯开关，一片明亮的光立刻洒了下来，温暖、光明。但你知道吗，原来的电灯只能将电能的很少一部分转变成可见光，其余大部分都以热能的形式浪费掉了，而且电灯的热射线还对人眼有害。

科学家希望改变电灯，他们发现大自然中有许多发光而不发热的生物，比如萤火虫。萤火虫为了求偶就会发光，它们有专门的发光细胞，在发光细胞中有两种化学物质，这两种化学物质发生反应后会释放出能量，释放的能量几乎全部以光的形式释放，只有极少部分以热的形式释放，因此萤火虫自身不会过热。到目前为止，人类还没办法制造出如此高效的光源。20世纪40年代，人们根据对萤火虫的研究，制造了日光灯。现在，科学家进一步研究，人工合成了类似萤火虫体内的化学物质，制造出生物光源。这种光可在充满爆炸性瓦斯的矿井中充当闪光灯，可以在清除磁性水雷的时候充当照明工具等。

研究室——动物中的明星

明星一般都是光鲜亮丽的，他们在屏幕上熠熠闪光，让我们羡慕不已。在动物世界中，也有一些明星，它们各有所长，有的有“才”，有的有“貌”。今天，我们就一起去探访一下它们吧！

兰花螳螂，美貌惊人——昆虫中的明星

兰花螳螂因为其形态酷似兰花而得名，主要生活在马来西亚热带雨林和印度尼西亚。不同种类的兰花会生长各自的兰花螳螂，而且它们能随着花色的深浅调整自己身体的颜色。兰花螳螂的肢节类似兰花花瓣的构造和颜色，从背面看上去，就是一朵盛开的兰花。兰花螳螂“模仿”兰花的样子潜伏在兰花上守株待兔，只要经过它眼前的虫子、苍蝇都逃不出它的嘴巴。

① 兰花螳螂如同一朵盛开的兰花

② 如同精灵一般美丽的兰花螳螂

聪明的海豚，智力惊人——海洋中的精灵

在水中畅游的海豚

海豚是智商很高的动物，它们能利用回声定位，有着复杂的社会行为。它们不仅形态看起来友善，而且特别热爱嬉戏耍闹。海豚喜欢玩海藻，也喜欢与同伴打闹。有时，它们甚至会主动去骚扰其他生物，比如戏弄海鸟和海龟等。很多海豚十分喜欢乘着海浪冲浪，有时利用船只经过

时掀起的波浪从一个浪尖跳跃到另一个浪尖，还会和游泳者一起玩耍。在新西兰，人们曾经观察到一只海豚帮助一只雌性抹香鲸和它的幼崽离开它们搁浅数次的浅水区域。

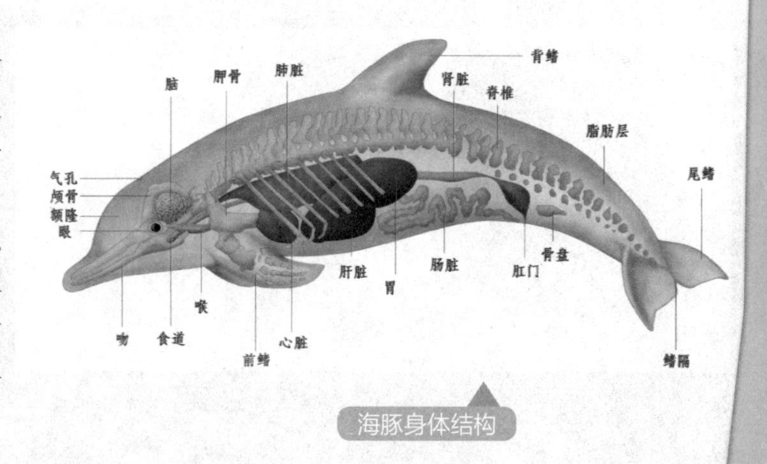

海豚身体结构

百灵清啼，能歌善舞——鸟中的歌星

百灵鸟

百灵鸟个头儿娇小，长相普通，但是在鸟类中它的名声可不小。百灵鸟可以若无其事、轻松自如地学习许多鸟类和小动物们的声音，它的叫声响亮且能够维持很长时间，声音委婉动听。百灵鸟的飞行姿势也很漂亮，在高空中可以直抵云霄，简直是能唱能演，即使把它关在笼子里，它也会歌舞不停。

神龟长寿，备受推崇——动物中的寿星

乌龟寿命究竟有多长，目前尚无定论，普通的乌龟能活100年，长寿的能活300年以上，有的甚至能活上千年。因为乌龟长寿，所以其成为中国文化中的四灵之一。《礼记·礼运》云：“何谓四灵？麟凤龟龙，谓之四灵”。不过除了乌龟，其他三位，谁也没有见过。大部分的龟都有一个甲壳。这种甲壳大多非常坚硬，它们将身体藏在这个类似盒子的厚壳里，利用厚壳来保护自己。它们动作缓慢，性格温顺，生长极其缓慢，也许这就是乌龟长寿的原因之一。

乌龟的甲壳有很好的保护作用

第四章

植物那些七七八八的趣事

人类离不开植物，植物虽然不会唱、不会跳，也不像动物那样吸引我们的目光，但是它们是生命之源！没有植物就没有动物，没有植物就没有现在的大千世界。植物是自然的恩赐，是它们让我们的生活色彩斑斓，生机勃勃。

第一节 植物王国大观

植物的数量不可胜数，植物的作用言说不尽，植物的力量让人咋舌……今天，让我们一起去探索一下那些长在各个“角落”里的植物吧！

生活在童话王国的植物

我们都喜欢读童话故事，在童话故事里认识了许多可爱的人物、动物，像白雪公主、小王子、青蛙王子等等，可是你还记得童话故事里的那些植物吗？

猴面包树——《小王子》中的“恶”树

在《小王子》这本童话中，小王子对猴面包树非常痛恨，因为它能撑破小王子的星球！可是猴面包树真的有这么坏吗？

实际上，猴面包树全身是宝。猴面包树的果实长10～30厘米，巨大如足球，甘甜多汁。当它的果实成熟时，猴子就会成群结队而来，爬上树去摘果子吃，所以叫它“猴面包树”。猴面包树的叶子也可以吃，味道很好；而果实溶解在牛奶或水中，可作为饮料；种子还可榨食用油。

猴面包树的树冠非常巨大，树叶较小，树杈千奇百怪，看起来倒像是树根，远看就像是摔了个“倒栽

猴面包树的果实

葱”。猴面包树树干很粗，最粗的树干基部圆周达50米，要40个人手拉手才能围它一圈，但它个头儿并不高，最高只有10多米。所以，远远看上去，猴面包树的枝叶像是插在一个大肚子花瓶里，因此它又被称为“瓶子树”。这个大家伙，倒真可能撑坏了小王子的星球。

榛树——《灰姑娘》的许愿树

在《灰姑娘》这部童话故事中，灰姑娘被后母虐待。她想要参加舞会，可是没有衣服，于是就到母亲坟头，向一棵树祈求——好，问题来了，你知道那棵树叫什么名字吗？不要着急去翻故事书，我来告诉你吧！那棵树叫榛树。

虽然对于灰姑娘来说，榛树是她的救星，但是对于我们来说，榛树实在普通。榛树是落叶灌木或小乔木，高1～7米，树皮呈灰色，枝条是暗灰色，小枝黄褐色，树叶的轮廓为矩圆形或宽倒卵形，长4～13厘米，宽2.5～10厘米。榛树的果实就是榛子，可以生吃，还可制作糖果、蛋糕和酒，坚果炸出的油可用于烹饪、香料、按摩油、肥皂及润滑油中。叶可作为烟草的代用品。

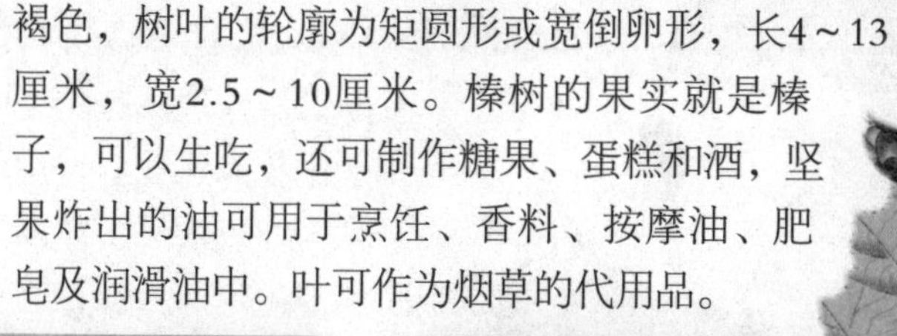

榛树雄花

榛树雌花

玫瑰——童话中的“明星”

玫瑰是童话中出镜率最高的植物之一，在《夜莺与玫瑰》《小王子》《睡美人》中，我们都可以看见它的身影。玫瑰花朵呈红、白、粉等颜色，十分艳丽；其花瓣形状柔美，雅致芬芳，素有“花中皇后”之称。不过，一般你在花店中见到的红艳艳的玫瑰可不是真的玫瑰，其实际上是月季。

玫瑰是蔷薇科落叶灌木，不仅有很高的观赏价值，还有很高的经济价值。它可用来提取香料和玫瑰油，但平均每2.6千克的玫瑰花只能提炼出1克玫瑰油，所以玫瑰油的价格曾经高过黄金价格的五六倍。玫瑰油香精主要用于化妆品工业、日用化学品工业、食品工业以及医药卫生等。

郁金香——欧洲人的“魔幻之花”

郁金香在童话中也曾多次出现，如《小意达的花儿》。在古罗马神话中，郁金香是布拉特神的女儿。郁金香高贵美丽，荷兰人、土耳其人因其神秘幽远的美感而将其奉为国花。当春天到来的时候，郁金香的叶子中间会抽出一根长秆，花就开在长秆顶端。花朵像一只高脚酒杯，大而鲜艳。

被欧洲人称为“魔幻之花”的郁金香，自古就有一种莫名的魔力，使园艺学家热衷于对其进行品种改良的研究工作，甚至有人倾家荡产只为了它那稀有的球根。

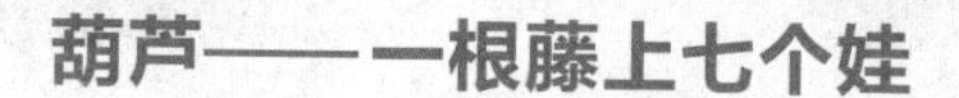

葫芦——一根藤上七个娃

《葫芦娃》这部动画片的流行，让葫芦这种植物也声名远扬。其实，葫芦是我们非常熟悉的一种植物，在中国文化中，葫芦有辟邪的作用，所以许多人家喜欢在家门口种葫芦。未成熟的葫芦能做食物吃，成熟了外壳木质化的葫芦能当容器。在中国道教中，葫芦还是一种法器呢！

葫芦是一年生攀缘草本植物，夏秋开白色花。葫芦的藤可达15米长，藤上有毛，叶子呈椭圆状或心状，果实长度从10厘米至 1 米不等，最重的可达 1 千克。葫芦喜欢温暖、避风的环境。

生活在农家院子里的植物

现在，我们要认识几种更加“家常”的植物，它们是我们的食物，生长在人们的院子中。

百菜不如白菜——蔬菜之首

“冬日白菜美如笋”，大白菜是中国人饭桌上最常见到的蔬菜之一，其栽培面积和消费量在中国均居各类蔬菜之首。大白菜为我国原产和特产蔬菜，在我国有着悠久的栽培历史，距今有六七千年了。大白菜耐储存，是冬天人们的首选蔬菜。在中国，特别是中国北方的老百姓对大白菜有着特殊的感情。在经济困难时期，大白菜是他们整个冬季唯一可吃的蔬菜，一户人家往往需要储存数百斤大白菜以应付寒冬。因此，大白菜在中国演变出了炖、炒、腌、拌等多种做法。

大白菜有宽大的菜叶和白色菜帮。多层菜叶紧紧地包裹在一起，形成圆柱体。大白菜营养丰富，含有维生素A、维生素C、钙、镁等。大白菜还含有粗纤维，多吃大白菜对女性会有很好的护肤及养颜效果。

“爱情果”西红柿——大家都爱它

西红柿又叫番茄，看到这个名字，你一定就知道，它是异域来客。一般认为最先种植番茄的是秘鲁人。16世纪，英国公爵见番茄外皮鲜美红艳，便将其带回英国送给情人。从此，欧洲人称其为“爱情果”。

番茄刚传入欧洲时，人们认为它有毒，并不敢大肆食用。番茄在明代传入中国，起初也只是作为观赏植物。到如今，番茄是全世界栽培最为普遍的果蔬之一。番茄既可以被当成蔬菜，也能够作为水果食用，其营养丰富，酸甜可口，含有的维生素A、维生素C比例适宜，常吃可增强血管功能，预防血管老化。因此，番茄中的番茄红素可以促进血液中胶原蛋白和弹性蛋白的结合，使肌肤充满弹性。

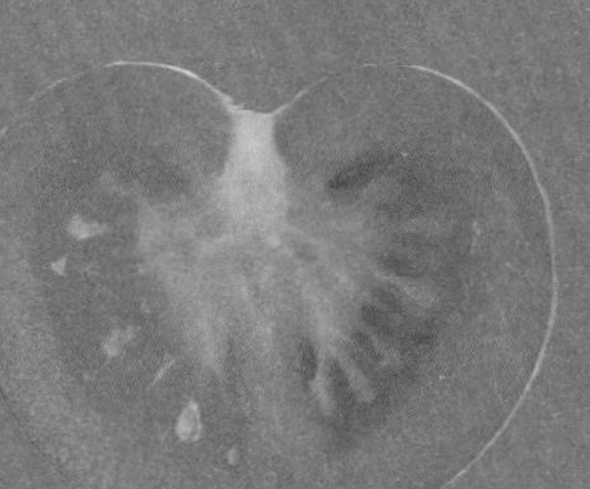

不讨喜的洋葱——让你哭的“坏”家伙

说到洋葱，你是不是眼睛开始有反应了？是的，相对于其他蔬菜来说，洋葱真的不太讨人喜欢，切洋葱更是一个大考验。这是因为洋葱中含有大蒜素，当你切洋葱时，大蒜素会变成雾状，飘浮在空中。大蒜素有很强烈的刺激性味道，这种味道会刺激人的眼睛和鼻子，使人流泪。

虽然生洋葱味道辛辣、苦涩，但是烹饪之后并没有这么刺激。而且洋葱有净化血液的功效，大蒜素还能够预防血液凝固，有效清血，并降低血液中的胆固醇含量。你现在是不是感觉洋葱可爱多了？

洋葱是一种常见的百合科葱属植物，我们常吃的部分是洋葱的根茎，它的叶子像大葱，也是浓绿色的圆筒形中空叶子。虽然现在我们在哪儿都能买到洋葱，它在我国的种植面积也很大，但是洋葱并非原产于我国，它是18世纪才传进来的，种植历史不是很长。

马铃薯——家家餐桌上的“常客”

马铃薯又叫土豆、洋芋、山药蛋、地蛋、地豆子，它长相不佳，其貌不扬，深埋在地下，不怎么引人注意。但是马铃薯营养价值高、适应能力强、产量大，是除了小麦和玉米，全球第三大主要的粮食作物，我国是马铃薯产量最大的国家之一。

马铃薯的花

马铃薯的营养价值和药用价值都值得一提。它含有大量的碳水化合物，能供给人体所需的大量的热能，营养成分也非常丰富，含有蛋白质、矿物质（磷、钙等）、维生素等，营养结构也较合理，有“地下苹果”之称。

食用马铃薯后有很强的饱腹感，但是，如果马铃薯发芽了，你可就得小心点儿，千万别吃了。发芽的马铃薯芽眼四周和变绿的部位含有较多的生物碱，吃了有可能会中毒。

生活在水中的植物

浮萍漂泊非无根

浮萍又叫青萍，人们认为浮萍没有根，所以喜欢把漂泊无依的人比喻为浮萍。其实，浮萍不是没有根，只是它的根没有固定在土里。浮萍会随着水流四处漂移，它叶子比较小，夏天会开出白色的小花。浮萍的繁殖能力相当惊人，只要有水和足够的温度，它就能很快地繁殖成一大块。所以，虽然它很适合做鱼类等的饲料，但要小心控制，别让它“包围”池塘，否则它会耗光池塘的氧气。

王莲——水上大玉盘

王莲，是水生植物中名副其实的“王”——它具有水生植物中最大的叶片。王莲叶片的直径1.8～2.5米，犹如一只只浮在水面上的翠绿色大玉盘。王莲的叶脉结构特殊，因此有很大的浮力，最多可承受六七十千克重的物体而不下沉。王莲叶子底部布满硬刺，这锋利的“武器”，既能有效地阻止鱼类的咬啮，还能“排除异己，扩大地盘”。它的叶片上密布小孔，叶缘还有两个缺口，下大雨时水可以从小孔和缺口迅速排走，保持叶片干燥，这样的生存智慧，真让人惊叹！

王莲花硕大美丽，直径可达30厘米左右，有六七十片花瓣，呈数圈排列在萼片之内。一般每朵花可开放 3 天左右，暮开朝合，花朵颜色随着时间变化而变化，最初洁白如兰，第二天粉红娇艳，第三天以深红、紫红谢幕。新开的花香气浓烈，引得甲虫纷纷上前。王莲为了能更好地受粉，往往在下午便合拢叶片，让甲虫留在自己的花朵里过夜。瞧，它多聪明！

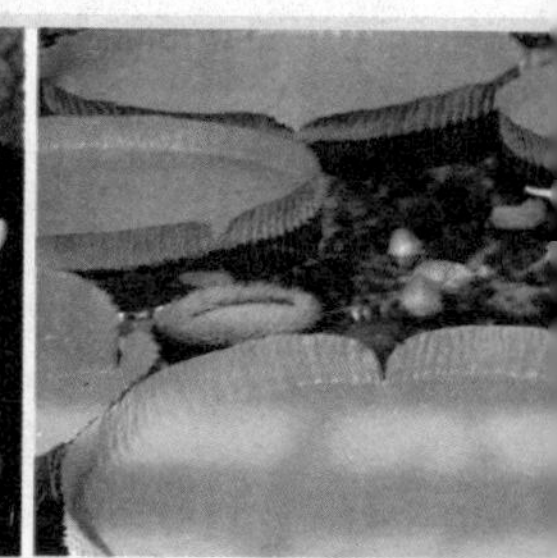

蒹葭苍苍，白露为霜

“蒹葭苍苍，白露为霜。所谓伊人，在水一方”这几句诗，都是我们耳熟能详的，但是你知道“蒹葭”是什么吗？其实它是一种你十分熟悉的水生植物，它的大名就叫——芦苇！芦苇是生长于沼泽、河岸、海滩等湿地的一种禾本科植物，遍布于全世界温带和热带地区。

在地下芦苇有匍匐的根茎，可以在适合的地区迅速地铺展繁殖，一年可以平铺延伸5米以上，繁殖能力很强；芦苇的生命力也很顽强，能较长时间埋在地下，一旦条件适宜，便可发育成新枝，种子可随风传播，也能繁殖；同时芦苇观赏性较强，浩浩荡荡的绿色能让人眼前一亮，开花期间尤其美丽，蓬松的花絮如同小动物毛茸茸的尾巴，洁白、轻盈、柔美。因此，在公园、湿地也有许多人工栽培的芦苇供人观赏。

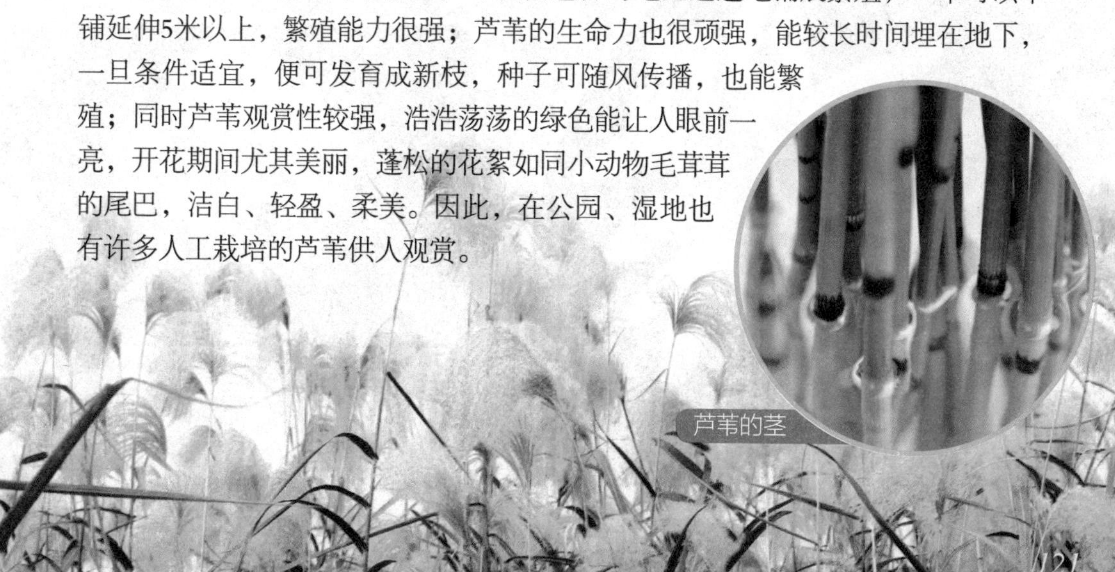

芦苇的茎

生活在冰天雪地

勇敢之花——雪绒花

雪绒花又名火绒草、高山薄雪草，为菊科火绒草属的高山植物，原产于欧洲高山地区。雪绒花是一种珍贵的花卉，它具有花、叶并美的特点，株形小巧玲珑，高3～20厘米，叶片呈银灰色，花为黄色，5～6个生长在一起，周围由生有白色绵毛的小叶包围住，形状似星，颜色如雪，朴实大方。

雪绒花通常生长在阿尔卑斯山脉海拔1700米以上的地方，由于高海拔气候和生长环境的限制，顽强的雪绒花选择了在岩石的小洞、缝隙中生存。雪绒花顽强而且独立，不惧怕恶劣条件，是勇敢的象征，也是荣誉和友谊的象征，有着“世界花园”之称的瑞士，把它定为国花。第二次世界大战中，德国陆军山地师亲自登上阿尔卑斯山，并将摘到的雪绒花佩戴在胸前，以突显精锐山地猎兵的身份。

雪绒花

北极罂粟

中的植物

开放在高原上的圣洁之花——天山雪莲

天山雪莲，又称高山雪莲，是菊科多年生草本植物。它不但是难得一见的奇花异草，也是举世闻名的珍稀药材。雪莲常分布于中国新疆天山南北山坡、阿尔泰山及昆仑山，生长在海拔4000～5000米高的地带。雪莲十分耐寒，种子能在0℃时发芽，3℃～5℃时生长，幼苗可经受-21℃的严寒。雪莲要生长5年才能开花，花为蓝色、紫色，外面有多层白色的半透明膜质苞片，像一朵朵莲花，所以有“雪莲”这个大名。最近几年，由于滥采滥挖，有些盗挖者甚至将雪莲连根拔起，使其连开花结籽的机会都没有，导致天山雪莲数量锐减，已经成为濒危植物。

北极地区的美丽使者——北极罂粟

也许罂粟在人们看来就是罪恶的代名词，但是，在北极有一种美丽的花——北极罂粟，它却是美丽、勇敢、智慧的代名词。

北极罂粟是野生的，不能用来制作鸦片。北极的夏天只有短短两个月左右，植物的生长期很短，如果种子长得太慢，还没等成熟就会被冻死。所以，对于北极罂粟来说，如何聚积热量显得尤为重要。北极罂粟开着艳丽的黄花，花朵的形状像一个茶杯，每一片花瓣又像是一面反射镜，可以把太阳光的能量反射到中心的花蕊上。它收集阳光的效率高得惊人，仲夏极昼，阳光一天24小时360° 照耀，北极罂粟随着太阳位置的改变而改变花朵的朝向。北极的太阳光虽然称不上强烈，不过至少在盛夏时节不会西沉，所以罂粟花此时收集的阳光可让它在太阳西沉、漫漫冬日到来之前，在花朵的中心部位生成种子。

第二节 我们最熟悉的花花草草

世界上的植物有30多万种，植物也如同人类，各有特色。它们在植物世界中摇曳生姿，带给我们不同的惊喜。虽然，我们不一定能认识所有植物，但是有些植物，总在不经意间和我们相遇。

牵牛花能攀爬到较高的地方

大家来找碴儿——辨一辨相似的植物

人们常说世界上没有一模一样的两片叶子，但是世界上真的有长相极其相似的植物，常常让我们分辨不清。现在大家就一起来看看，看你是否能分辨出来。

连翘迎春相争艳

迎春和连翘同属于木樨科植物，枝叶、花形相似，花色也都是娇艳的黄色，大体看上去难辨你我，而且它们的开花时间也相差不远，因而，人们常常会分辨不清它们。

连翘的枝条不容易下垂

连翘

属：木樨科连翘属。

植株外形：外形呈灌木或类乔木状，较高大，枝条不易下垂。

枝条：颜色较深，一般为浅褐色，内部中空无髓。

叶：单叶或三叶对生，叶呈卵形、宽卵形或椭圆状卵形，叶片较大，边缘除基部以外有整齐的粗锯齿。

花：连翘有4个花瓣。

果：连翘花结实。

① 连翘开放时的状态

② 连翘的叶

迎春

迎春的花

属：木樨科素馨属。

植株外形：呈灌木丛状，比较矮小，枝条呈拱形，容易下垂。

枝条：绿色，内部是充实的，有片状髓。

叶：迎春的叶是三小复叶，呈十字形对称生长，叶片较小，呈卵形或长椭圆形，全缘，尖端狭而突尖。

花：迎春花有6个花瓣。

果：迎春花很少结实。

迎春的叶

“朝颜”“夕颜”傻傻分不清楚

看到这两个名字，是不是就有一种分不清的感觉。它们的外形也很相似，二者同属于旋花科，叶子都是互生的三裂叶片，都是需要“依附”别的植物才能“站”起来；花形也很相似。如果你不仔细观察或者查阅资料，一定很难分清楚它们。但是，既然它们是不同的两种植物，就一定是有区别的，那么区别在哪儿呢？

牵牛花

开花时间： 早上4点多钟就陆续开放，因此又被称为朝颜或勤娘子。

花色： 花的颜色有蓝、绯红、桃红、紫等，亦有复色品种，花瓣边缘的变化较多。

植株高度： 牵牛花是一年缠绕生草本植物，一般可高达3米。

牵牛花

月光花

开花时间： 黄昏至夜间开放，直到黎明时才闭合，因此又被称为夕颜。

花色： 花的颜色只有白色，有时略带淡绿色纹，花朵形似满月，大而美丽。

植株高度： 月光花是一年缠绕草本植物，可以长得很大，甚至可高达10米。

① 月光花的藤蔓较高

② 月光花一般都是白色的

牡丹芍药“花中二绝”

牡丹和芍药被人们并称为“花中二绝”。它们同属芍药科芍药属，花形、叶片非常相似，因此，有人称牡丹为“花王”，芍药为“花相”。牡丹和芍药经常被栽种在一起，人们往往分不清楚。甚至，牡丹与芍药在中国古时就未分开，合称为“芍药”，至唐代以后才有区分。

牡丹

秆茎：灌木木本，茎为木质，落叶后地上部分不枯死，因此又被称为木芍药。

牡丹的花是独朵顶生的

牡丹花形较大

花期：“谷雨三朝看牡丹”，牡丹多在阳历5月初开花。

花形：牡丹的花是独朵顶生的，花形大。

芍药

秆茎：蓄根草本，茎为草质，落叶后地上部分枯死，因此又被称为“没骨花”。

芍药的花是一朵顶生或数朵顶生并腋生的

粉色芍药，花形较小

花期：“立夏三照看芍药”，芍药在春末夏初开花。

花形：芍药的花是一朵或数朵顶生并腋生的，花形亦较牡丹略小。

花中佳人，倾国倾城

在植物王国中，有许许多多以“外貌”取胜的植物。它们是人类的“宠儿”，艳名远扬，今天，我们就来认识一下几种人们眼中倾国倾城的花吧！

出淤泥而不染，濯清涟而不妖

荷花又称莲花、芙蓉、菡萏、芙蕖，是一种原产于中国的水生植物。花一般盛开于夏季，有白、粉、红等色，花朵很大，是夏日之风物。荷花的叶子是圆形的，亭亭玉立于池水之上，倒过来像一顶帽子一样。它的地下茎横行于池塘内的泥中，被称为莲鞭。莲鞭的顶端数节会逐渐膨大而成为人们喜欢食用的藕。

在东方文化里，莲花是纯洁的象征。因为，莲花虽然生长在泥泞的湿地、池塘中，但它的叶子和花仍保持干净。这是因为莲能够进行自我清洁，莲叶的微观结构和表面上的蜡晶体让它不会被水弄湿，水滴在叶片表面就如水银一般会滚落，并且可以带走污泥、小昆虫等物。

‖ 唯有牡丹真国色，花开时节动京城

牡丹是落叶小灌木，一般高1～1.5米，花大，色艳，雍容华贵，富丽端庄，芳香浓郁，素有“国色天香”“花中之王”的美称。牡丹的花有红、黄、蓝、白、粉、绿、紫等颜色，品种繁多。

说起牡丹这两个别称，还都是因为它出众的外貌。“花王”，出自《本草纲目》：“群花品中，以牡丹而产生第一，芍药第二，故世谓牡丹为花王。”“国色”，是因为牡丹花色艳丽，有冠绝群华之姿，李正封在《咏牡丹》中写道：“国色朝酣酒，天香夜染衣。”我们还把牡丹称为“富贵花”，这是因为它花色喜庆，雍容华贵。

牡丹是中国人心中的国花，不仅仅是因为它的美，还因为它高洁、不畏权势的品格。《事物纪原》中记载，唐武则天冬游后苑，诏令百花齐放，唯有牡丹不从，遂被贬至洛阳。

‖ 我爱幽兰异众芳，不将颜色媚春阳

兰花属兰科，为多年生草本植物，也是单子叶植物。由于兰花大部分品种原产中国，因此又称中国兰。兰花是中国传统名花，它香气幽远，沁人心脾；叶片修长，四季常青，有“看叶胜看花”之誉。早春时期，兰花由叶丛间生长出许多花葶，每个花葶上端会开一朵

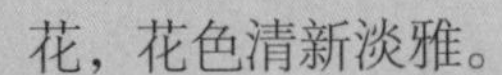

花，花色清新淡雅。

兰花常生长在幽谷深涧，且幽香袭人，所以有“香祖”“天下第一香”之誉。兰花叶、花、香独具四清——气清、色清、神清、韵清，人们对它十分赞赏，认为其高洁、清雅，把它喻为“花中君子”。

冲天香阵透长安，满城尽带黄金甲

菊花原产于中国河南，茎细直，叶子很像鹅掌。菊花的品种达千余种。深秋季节，当别的花都凋零时，菊花却竞相开放。菊花的颜色有很多种，包括红、白、黄、粉红、暗红、紫等，甚至还有绿色和黑色的，传统以黄色为正色。菊花花瓣呈舌状或筒状。花序大小和形状各有不同，有单瓣，有重瓣；有扁形，有球形；有长絮，有短絮；有平絮，有卷絮；有空心，有实心；有挺直的，有下垂的。式样繁多，品种复杂。

中国人对菊花的感情非常浓厚，非常热爱菊花，从宋朝起，民间就有一年一度的菊花盛会。梅、兰、竹、菊被合称为“花中四君子”，是高雅、纯洁的象征。

凌波仙子生尘袜，水上轻盈步微月

水仙为石蒜科水仙属植物，别名凌波仙子、金盏银台、洛神香妃、玉玲珑、金银台等。从这一个个名字中，相信你已经知道水仙在人们心目中的地位了。

水仙为须根系，由茎盘上长出。叶呈扁平带状，苍绿的颜色让人眼前一亮。水仙为中国十大名花之一，中国的清供佳品，每到新年，人们都喜欢清供水仙，作为年花。“借水开花自一奇，水沉为骨玉为肌。”水仙花虽然花色娇艳，但对生活的要求却很低。适当的阳光、温度，一勺清水，几粒石子儿，它就能生根发芽。腊月寒冬，百花凋零，而水仙花却叶花俱在，婷婷开放，香气宜人，仪态超俗，因此受到历代文人墨客的无数赞誉。

家生家养的植物

很多植物，我们每天都能见到它们，它们生长在我们的客厅、阳台、院子里，是我们最亲密的朋友。我们每天给它们浇水、施肥，精心地伺候它们，它们便回报给我们馨香、浓绿，给我们的眼睛、心灵带来抚慰。

绿色净化器——绿萝

绿萝是比较常见的绿色植物，它的缠绕性强，气根发达，长枝披垂，摇曳生姿，能够让室内顿时变得生机盎然。因为这种美化空间的特性，既可以让绿萝攀附于用圆柱体上，摆于门厅、宾馆，也可以培养成悬垂状，置于书房、窗台。

绿萝有着“绿色净化器”的美名。人们喜欢在室内摆放绿萝，还因为它净化空气的能力强。绿萝既可以在新陈代谢过程中吸收甲醛，也可以分解由复印机、打印机排放出的苯，还可以吸收三氯乙烯。刚装修好的新居可多摆放几盆绿萝，能有效净化空气。

绿萝可以攀附其他植物

花开富贵，竹报平安——富贵竹

富贵竹，原称辛氏龙树，别名竹蕉、万年竹，原产于非洲西部，为多年生常绿草本植物，株高可达1.5～2.5米。富贵竹叶片细长，叶色浓绿，冬夏常青，不论盆栽或剪取茎干瓶插或加工成“开运竹”“弯竹”，均显得直挺高洁、茎叶纤秀、柔美优雅、姿态潇洒、富有竹韵，观赏价值很高。富贵竹其茎节表现出貌似竹节的特征，却不是真正的竹。中国有“花开富贵，竹报平安”的祝词，富贵竹的受欢迎与它吉祥的名字分不开。富贵竹生命力强，病虫害少，容易栽培，并象征着大吉大利，故而深受人们喜爱。

富贵竹的芽　富贵竹的叶　富贵竹

翠绿常青——万年青

万年青是多年生常绿草本植物，又名蒀、千年蒀、开喉剑、九节莲、冬不凋草等，原产于中国南方和日本，是很受欢迎的优良观赏植物，在中国有悠久的栽培历史。

手绘万年青

万年青叶色翠绿，叶形宽阔，肉质饱满，四季常青。冬季时绿色的叶子配上红色的果实，高雅秀丽，有永葆青春、健康长寿、友谊长存、富贵吉祥的美好寓意。因此，春节时人们喜爱将万年青摆在室内来庆祝节日。

不过你要小心，万年青的汁液是有毒的，一般以茎部组织液最毒。黏液沾到皮肤上，会引起过敏反应。

万年青的叶子

万年青和康乃馨

万年青红色的果实

独占春风——山茶花

山茶花又叫花中娇客

山茶花，又名山茶、茶花，是一种常绿灌木或小乔木，它是中国传统的观赏植物。山茶花的栽培历史已经有1000多年了，隋唐时就已经进入了平常百姓之家。宋代，栽培山茶花开始风行，当山茶花盛开时，有人写诗赞叹：“门巷欢呼十里寺，腊前风物已知春。”山茶花花期很长，从10月份到第二年5月份都是它的花期，这边谢了，那边开，十分热闹。

山茶花花瓣为碗形，分单瓣或重瓣，单瓣山茶花多为原始花种，重瓣山茶花的花瓣最多达60片。当山茶花落的时候，这些花瓣会一瓣瓣凋落，似乎是留恋枝头一样，落红满地，让人怜爱。当然，山茶花不止红色一种，紫、白、黄各色竞艳，甚至还有彩色斑纹的山茶花呢！

月月开花月月红——月季花

中国人喜欢在院子里种植月季，月季属蔷薇科，常绿或半常绿灌木，枝条直立，多数带有刺，羽状复叶，小叶3～5片，光洁无毛。花或单生，或数朵并生，开在枝条顶端，有红、白、绿、黄、紫等颜色。花朵硕大，散发出醉人的清香。花期长，北方户外培植的月季从4月到12月陆续开花，每次开花也不易凋谢。

重瓣栽培的月季

月季于17～18世纪从中国传入欧洲，引起了西方园艺家的重视。经过与西方原有的蔷薇属植物反复杂交，产生了风靡世界的现代月季，品种更为优良和繁多，达万种以上。月季适应能力强，分布在世界各地，受到各国人民的喜爱。中国的许多城市，如北京、天津、大连等，都把月季定为市花。

奇花异草，心头珍宝

月下美人，昙花一现

昙花又叫琼花、月下美人。昙花一般在夏季开花，晚间8～9点徐徐绽放，10点左右完全盛开，之后就会凋谢。因昙花的开花时间仅有几个小时，所以有“昙花一现”的说法。昙花花香四溢，沁人心脾，花形也非常美丽，花朵有碗口大，花瓣重重叠叠，披针形的花瓣非常惹人怜爱。

昙花的老家在中美洲的热带沙漠地区，那里非常干旱。当昙花开花时，花瓣绽开，就会散失很多水分，因为根吸收的水分有限，不能长期维持花瓣绽开所需的水分，所以晚上开放数小时是个不错的选择，同时还能避开白天的高温和深夜的低温，这样对它开花最有利。

永不凋谢的玫瑰——山地玫瑰

红艳艳的玫瑰含苞欲放、娇艳欲滴，十分讨人喜欢，但是它很容易凋谢，这让人惋惜。今天，就让大家见识一种永不凋谢的玫瑰——山地玫瑰。

山地玫瑰是玫瑰，却不是花。它肉质，叶互生，呈莲座状排列。每年到了七、八月份，为了躲避强烈的阳光和酷热，山地玫瑰就要开始休眠了，这个时候它外围的叶子便开始老化、枯萎，中心的叶子开始“联合”起来，团团抱住，整个植株看上去就像一朵朵含苞待放的玫瑰花。这让许多喜欢多肉植物的朋友们，对它趋之若骛。

山地玫瑰也称高山玫瑰、山玫瑰，叶色有灰绿、蓝绿和翠绿等，暴晒后叶子会有红褐色斑纹，有些品种叶面上还稍具白粉和茸毛，叶缘有“睫毛”。山地玫瑰也会开花，花朵是黄色的。

植物界的大熊猫

珙桐是1000万年前新生代第三纪留下的孑遗植物，在第四纪冰川期，大部分地区的珙桐相继灭绝，只在中国南方的一些地区幸存下来，成为了植物界的“活化石”，被誉为“植物界的大熊猫”。

珙桐虽然很珍贵，但是人们对它的喜欢，还是因为它的花特别美丽，极具观赏性。珙桐叶大如桑，花极具特色，由多数雄花与一朵两性花组成顶生的头状花序，宛如一个长着“眼睛”和“嘴巴”的鸽子头，黄绿色的柱头像鸽子的喙。初夏珙桐开花时，远观如一只只紫头白身的鸽子在枝头挥动双翼。不过，那“鸽子”的“双翼”并非花瓣，而是两片白而扩大的苞片；而紫色的“鸽子头”，则是由若干雄花包围一朵雌花构成的头状花序。珙桐树含芳吐艳，犹如千万只白鸽栖息在枝头，振翅欲飞，寓意“和平友好”，带给人视觉上的震撼。

ZUI XIN BOBAO

最新播报

普陀鹅耳枥，这个名字听起来真的特别拗口，难道它是外国进口的？不，这可是中国"特产"，而且是中国普陀山仅有。可以说，它是中国目前最珍贵的树木——目前全世界野生的普陀鹅耳枥仅普陀山上一株！

普陀鹅耳枥虽雌雄同株，但是雌花（浅红色）与雄花（淡黄色）不是同时成熟（雄花于4月上旬先叶开放，雌花与新叶同时开放），所以受粉率极低。同时，普陀鹅耳枥在开花、结实期间常常受大风侵袭，而在种子即将成熟时，又会受到台风的影响，以致繁殖能力极弱。

第三节 小植物的大智慧

巧设陷阱的植物

别以为植物不会动，不能跑来跑去，“战斗力”就很弱，千万不要小看它们，它们可是有很多捕捉动物的方法。这些动物或者给它们做“苦力”，帮它们受粉；或者给它们当食物……它们的生存智慧一定让你咋舌。

马兜铃——留下来给我“干活儿”

马兜铃的花长得很特别，形状如同漏斗，花缘部有“开口”，形状略像一个长颈花瓶，瓶口长满茸毛，花中部为管状，管内长满了向内的毛；花基部膨大呈球状，内为一个空腔。空腔的底部有突起物，雌蕊和雄蕊都长在瓶底，雌蕊成熟的时候，瓶内会散发一种腐臭味，能把喜欢吃腐败食物的小虫子，如苍蝇等，吸引过来，小虫子会径直钻到味道最浓的空腔内。但因为花中部管内长满了向内的毛，昆虫进入容易出去难。等它饱餐一顿想要返回时，却发现早已陷进“牢笼”之中，身不由己了。半夜，花药开裂，散出花粉，而小虫子为了逃脱，就在花里乱钻，身上粘了许多花粉。然后，花中部的毛开始变软、萎缩，长度只有之前的1/4，且贴在花中部内壁上，此时昆虫得以逃脱。马兜铃正是靠此方式传播花粉的。

捕蝇草——维纳斯的捕蝇陷阱

捕蝇草属于多年生草本植物，它们的叶片是最主要、看起来最明显的部位，拥有捕食昆虫的功能。外观上明显的刺毛和红色的无柄腺，好似张牙舞爪的血盆大口。因为捕蝇草叶片边缘的有规则的刺毛就像维纳斯的睫毛一般，所以称其为“维纳斯的捕蝇陷阱”。

捕蝇草的叶缘部含有蜜腺，会分泌出蜜汁来引诱昆虫靠近。当昆虫进入叶面时，碰触到属于感应器官的感觉毛，本分为两瓣的叶就会迅速地合起来。生长于叶缘上的刺毛属于多细胞突出物，没有弯曲的功能，所以当叶子快速闭合将昆虫夹住后，刺毛就会紧紧相扣，相互咬合，以防止昆虫脱逃。

瓶子草——进来了就给我留下当美食

在北美洲，有一个靠“玉净瓶”捕食小虫的食虫植物世家。这个家庭的成员有9种，都是矮小的草本植物，捕虫的“瓶子”在草丛中或斜卧或直立，人们就以“瓶”为名，统称它们为“瓶子草”。

瓶子草春季开花的时候特别美丽，从“瓶子”中间伸出长长的花葶，一朵向下低垂如小碗似的红色花朵，开在花葶顶端，羞涩而可爱。

在瓶子草“开口”的地方常分泌香甜的蜜汁，花朵美丽、花蜜香甜，把昆虫纷纷吸引过来。这些昆虫就这样落入了瓶子草设下的陷阱。昆虫一旦掉进瓶内的消化液中，再想从瓶中爬出来就很困难了，它会受到内壁上倒刺毛的阻挡，最终因无力挣扎而重新掉进消化液中被淹死，从而成为瓶子草的“大餐”。

黄花狸藻——待在水中的捕虫能手

黄花狸藻是食虫水草，又称黄花挖耳草、水上一枝黄花、金鱼茜等。黄花狸藻一般生活在池塘的静水中，没有根，随水漂流。这种水草一般有1米长，除花序外，都沉于水中。

黄花狸藻被称为“美丽杀手”，它的叶器上有卵球状捕虫囊，可以捕捉水中微小的虫体或浮游动物。捕虫囊由“小活门”和瓣膜组成，瓣膜有可以自由开闭的后缘，可以被那些想溜进囊来的动物推开，可等动物进来后，瓣膜由于本身的弹性重又关闭起来，动物就不能从陷阱里爬出去了。囊内没有专门分泌消化液的小腺体，因此动物在“监牢”里死掉或腐烂。囊内四齿的和两齿的特别的叶片状突起物，能吞噬各种物质，如硝酸铵和腐烂肉类汁液中的某种物质。除了这些突起物，这些小囊内还有小腺体，能吸收腐水产生的物质。

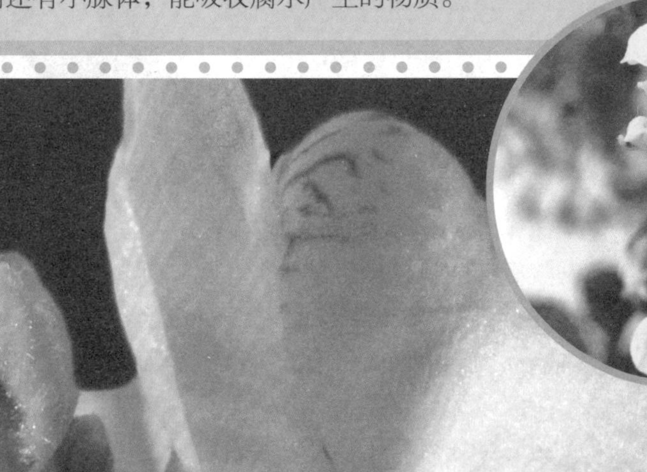

我们想要环游世界——种子的传播

植物虽然不会动，可是它们的种子却能传播到远方，你知道这些聪明的植物，是怎么送自己的下一代去远行的吗？说出来，你就不得不惊叹了！

蒲公英种子

通过动物“偷渡”的鬼针草

鬼针草是一年生草本植物，分布非常广泛，中国大部分地区都有。鬼针草外表十分普通，高40～85厘米，茎直立。鬼针草的果实比较干瘪，呈条形，看起来扁扁的，没有什么特色。但是果实上面有棱角，长7～13毫米，宽约1毫米，顶端有3～4枚芒刺，长1.5～2.5毫米，芒刺上还有倒刺。这些倒刺就是鬼针草“偷渡”的工具。当动物或者人经过它身边时，它就利用倒刺，将自己轻轻松松地“挂”在动物的毛发或者人的衣服上。等你发现它，把它摘下来丢弃的时候，它“远行”的目标就实现了。

乘风远行的蒲公英

蒲公英，在江南有个好听的名字，叫华花郎。蒲公英开黄色花，花朵凋谢后，就会留下一朵朵白色的小绒球，这些就是蒲公英的种子，上面的白色小茸毛叫作“冠毛”。

我们看到的蒲公英花实际是头状花序，由很多的小花组成。经过昆虫受粉，里面的种子就可以慢慢成熟，每一颗成熟的种子上都带着一团茸毛样的东西，很轻，风一吹，种子就像一把把小小的降落伞飘到很远的地方去；风一停，种子便会落下来，遇到合适的条件，就在新的环境中生根发芽，长成一棵新的蒲公英。

不过，你不要以为只有蒲公英有这项技能，很多植物妈妈都会这招，比如昭和草、杨树、柳树、松树、榆树等等。

借水波远行的椰子

椰子树是热带海岸常见树种，树干很高。我们常吃的椰子就是椰子树的果实。椰子树通过海洋来传播种子。吃过椰子的人都知道，椰子的果皮分为三层，外层薄而光滑，质地致密，抗水性较好；中层厚而松散，充满空气，这样椰子就能轻松地漂浮于水上；内层是坚硬的果核，核内有一层洁白的椰子肉和香甜的椰子汁，它们为种子的生长发育提供了充足的养料；最里面才是椰子树的种子。每当椰子成熟以后，身体朝向大海一方的椰子便掉进大海里。椰子常常可以在海中漂泊数月，然后在适宜的海岸上安家落户，发芽生根，最后长成椰子树。

力气大了不发愁的喷瓜

喷瓜，是自然界最有力气的果实，原产于欧洲南部。喷瓜的果实呈长圆形，长着硬毛，像个大黄瓜。喷瓜将种子浸泡在黏稠的浆液里，让浆液把瓜皮撑得鼓鼓的。成熟后，浆液变成黏性液体，挤满果实内部，强烈挤压着果皮。稍有风吹草动，瓜柄就会与瓜脱开，瓜上出现一个小孔，之后“砰”的一声破裂，好像一个鼓足了气的皮球被刺破后的情景一样，紧绷绷的瓜皮把液体连同种子从小孔里喷射出去，种子就这样传播出去了。因为喷瓜的这股力气很猛，像放炮一样，所以人们又叫它“铁炮瓜”。可以说，在大自然中，喷瓜这种自食其力传播种子的本领已经达到了登峰造极的水平。

把自己作为水果送上门的樱桃

樱桃色泽鲜艳，晶莹美丽，红如玛瑙，黄如凝脂，外形娇小玲珑，惹人怜爱，吃起来甜中带微酸，果肉滋味纯美，营养特别丰富。每年4月中旬是樱桃成熟的季节，故有“早春第一果”的美誉，号称“百果第一枝”。据说黄莺特别喜好啄食这种果子，因而又被称为“莺桃”。

樱桃就是以色、味来吸引动物吃掉自己的。当小动物把果实吃掉后，果肉很快就消化掉了，但是果核没法儿消化，于是鸟就通过粪便把这些果核传播出去。这样，樱桃传播下一代的目的就达到了。

看看这些植物超凡的智慧

二齿猪笼草——雇用蚂蚁军团来消化

我们已经知道大部分猪笼草会“想办法”捕捉昆虫等小动物，还会用自己的消化液消化掉这些小动物。但是，即使是猪笼草这个群体中也会有走不同路线的“小伙伴”，那就是——二齿猪笼草。二齿猪笼草的消化液中没有消化酶，这就意味着它的消化能力十分弱，捕捉到比较大的猎物却没有办法消化，这该怎么办？于是，二齿猪笼草破例让弓背蚁住到自己的空心笼蔓中，它负责捕捉昆虫，弓背蚁负责吃掉这些昆虫，然后把自己的排泄物作为二齿猪笼草的营养物质。不过弓背蚁在二齿猪笼草的笼蔓中生活也得小心翼翼的，因为一不小心，它也会被吃掉的。

为了让笼蔓保持清洁，以便捕捉到更多昆虫，弓背蚁还会清理笼口边缘的真菌菌丝和其他污染物。同时，这些弓背蚁还是二齿猪笼草的保护神，让其免受长足象的侵害。

瞧，二齿猪笼草的伙伴多卖力呀，你觉得它们谁更聪明？

墨兰捕虫堇——该出手时就出手

墨兰捕虫堇是一种多年生莲座状的食肉植物，原产于墨西哥与危地马拉。墨兰捕虫堇生长在较贫瘠的地方，为了补充营养，于是它爱上了吃“肉”。在夏季昆虫较多的时候，墨兰捕虫堇长得非常威武，叶片平坦，肉质叶可达10厘米长，叶片的颜色也非常鲜亮，还会开出美丽的花朵，这些都是它用以吸引动物前来的法宝。

其实，它最大的法宝并不是这些，而是叶片上的腺毛。腺毛会分泌黏液，呈露珠形的微滴出现在腺毛顶端，使得叶子表面看起来好像布满水滴，这样潮湿的外观可能有助于引诱正在找水喝的猎物，一旦小动物来了，就会被粘在叶面上，而且越挣扎黏液分泌得越多，直到小动物被裹进去。

在夏季，墨兰捕虫堇吃够了“肉”，到了冬天，就会长出“休眠”或者“冬型”簇生叶，直径只有2～3厘米，并由60～100个小型、肉质、缺腺毛的叶片构成。墨兰捕虫堇就是这样把自己缩小，好少消耗点儿营养，这样就没必要捕虫了，吃点儿“素”就行了。

红树——温柔的好母亲

今天我们要介绍一位植物界的好母亲，它就是红树。红树大部分生长在东半球的热带和亚热带地区，为常绿灌木和小乔木。有的红树生长在山区，而大多数集中在海边。

生长在海滩上的红树，要禁受大风大浪、盐碱的侵蚀，它们不得不长出许多支柱根和气根。这些支柱根插入海中，努力地支撑自己；而气根则从土中伸到地面上，努力地吸收氧气、水。在这样艰苦的条件下，它们成了海边坚定的防卫兵。

因为这可怕的环境，它们还练就了一项新本领——胎生。在海边，它们的种子一旦落地，就会被海水冲到海里。要真是这样，就没有办法繁殖了。所以为了繁衍生息，红树在春、秋两季开花结果后，果实并不落地发芽，而是在母树上继续吸收大树的营养，长出根叶，萌发成幼苗。“胎儿”成熟后，带着小枝叶的种子就会脱离大树，一个个往下“跳”，散落到海滩，随着海水到处漂流，遇到合适的地方，再安家扎根，像其他植物一样正常生长。由于红树的这种繁殖方式很特殊，好像哺乳动物怀孕生小孩儿一样，所以人们又把红树称为会“生小孩儿”的树。

纺锤树——未雨绸缪

在南美洲的巴西高原，生长着一种神奇的树。为了抵御每年4～5个月的干旱季节，这种树练就了一项神奇的本领——它能在雨季存储大量的水分。这种树两头尖细，中间膨大，所以人们叫它纺锤树。纺锤树最高可达30米，最粗的地方直径可达5米，树干中空，因此非常轻，只要一个人就能轻轻松松地举起一棵10米

高的纺锤树。正是这样的构造，纺锤树非常能储水，里面能贮存约2吨的水，是世界上最能储水的植物。要是你在巴西高原上口渴了，就可以在纺锤树上挖个小孔，这样清凉的水就流出来了。

你知道纺锤树是怎样储水的吗？每到雨季，它会尽量地吸收水分，贮水备用，犹如一个绿色的水塔，高高的纺锤树树顶上就生出了稀疏的枝条和心脏形的叶片，好像一个大号萝卜。而雨季一过，旱季来临，为了减少体内水分的蒸发，绿叶会纷纷凋零，红花纷纷开放，这时候的纺锤树，看起来就像插着红花的特大号花瓶。

植物也爱闹

会跳舞的小草惹人爱

我们都知道植物本身不会动，这是其和动物的一大区别，但是你知道吗？有一种神奇的小草，只要一听到声音就立马开始跳舞。这种小草就是跳舞草。

跳舞草是大自然中唯一能够根据声音产生反应的植物。当跳舞草受到一定频率和强度的声波振荡时，它的小叶柄基部的海绵体组织就会收缩，带动小叶翩翩起舞。还有太阳照射，温度上升，跳舞草体内水分蒸发加速，海绵体膨胀，也会使小叶左右摆动起来。所以跳舞草起舞的原因主要与温度、阳光和一定节奏、强度下的声波振动有关。

当跳舞草跳舞的时候，两枚侧小叶便会按照椭圆形轨道绕着中间大叶“自行起舞”。在短短的30秒内，每片小叶就能完成椭圆形的运动1次，小叶时而上下摆动，时而作360° 的大回环；有时还会同时向上合拢，然后又慢慢分开平展，就好像一只蝴蝶在轻舞飞扬；有时一片小叶向上，另一片朝下，就像艺术体操中的优美舞姿；有时许多小叶同时起舞，此起彼落，带给人们一种十分新奇和神秘的感觉。

跳舞草白天的姿态　跳舞草晚上的姿态

九死还魂，随风而动的小家伙

人离不开水、氧气、食物，绝大多数的动物、植物也一样。但是有一种小家伙却可以在极为严苛的条件下，改变自己的生存模式，让自己更好地渡过难关，活下来。这种植物叫卷柏，人们也叫它九死还魂草。

当天气恶劣，长期缺水时，卷柏的根就自行与土壤分离，蜷缩成拳头一样大小，随风移动，直到再次找到一个有水的地方。一遇水它又重新活了过来，根再次钻到土壤里寻找水分。因为它有着极强的耐旱力，在长期干旱后只要根系在水中浸泡后就又可舒展，故而它就有了一个很酷的名字——九死还魂草。

当然，它还的是自己的“魂”，对人类的药用功效就没有那么大了。不过，它还是可以入药的，有止血的功效，在治疗便血、尿血、鼻出血等病症时效果显著。

羞答答的含羞草怕人来

植物与动物不同，没有神经系统，一般不会感知外界的刺激，而含羞草与一般植物不同，它在受到外界触碰时，真的会像个害羞的孩子似的低下头哟。

含羞草的叶片在白天的时候会有规律地张开，只有遇到触碰，才会立即合拢起来，而且触碰的力量越大，叶子合得越快，整个叶子都会垂下，有气无力的样子惹人怜，而这些动作它在几秒钟之内就能完成。

原来，在含羞草的叶柄基部和复叶的小叶基部，都有一个比较膨大的部分，叫作叶枕。叶枕对刺激的反应最为敏感。一旦碰到叶子，刺激立即传到叶柄基部的叶枕，引起两个小叶片闭合起来，触碰力大一些，不仅能传到小叶的叶枕，而且很快传到叶柄基部的叶枕，整个叶柄就下垂了。

含羞草的这种特殊本领，是有一定历史根源的。它的老家在南美洲的巴西，那里常有大风大雨。每当第一滴雨打着叶子时，它立即闭合叶片，叶柄下垂，以躲避狂风暴雨对它的伤害。另外，含羞草的运动也可以看作是一种自卫方式，只要动物稍一碰它，它就合拢叶子，动物也就不敢吃它了。

不要给紫薇树挠痒痒

紫薇树是中国珍贵的环境保护植物，它是一种很有趣的花树。它有一个特性：紫薇花开百日红，轻抚枝干全树动。所以，人们称之为百日红、痒痒树。紫薇树的树干古朴光洁，如果人们轻轻地触碰它，它立即会枝摇叶动，浑身颤抖，甚至会发出微弱的“咯咯”声。这就是它“怕痒”的一种全身反应，确有“风轻徐弄影”的风趣，实在是令人称奇。紫薇树为什么会“怕痒”呢？这主要是因为紫薇树的木质比较坚硬，而它枝干的根部与梢部同样粗细，所以紫薇树的上部要比树干更重，因此只要轻触它的树干，摩擦引起的振动就很容易通过坚硬的木质迅速传导到树干的其他部位，于是紫薇树就变成了“痒痒树”。

研究室——植物王国大比拼

植物也有大有小，有高有矮，有老有少……通过层层角逐，今天我们选出了植物界的各种“冠军”。现在，我们就一起来领略一下它们的风采。

世界爷——世界上最大的树

雪曼将军树

看到这个名字，就知道这是一棵非常霸气的树。其实，这个名字不是专属的，它们家族中的任何一个成员都可以叫这个名字，谁让它们家族个个都是“巨人”。我们的主角——雪曼将军树，它是一棵巨杉，是世界上最大的树，通常也被认为是最大的生物，高83.8米，底部最大直径达11.1米，树龄为2300～2700年。2002年，雪曼将军树的体积为1487立方米。

亥伯龙神——世界上最高的树

亥伯龙神现在是世界上最高的树，它是加州红杉，现高115.61米，树龄为700～800年。2006年，博物学家于美国加州的红杉树国家公园一处偏僻区域发现该树，并以希腊神话中提坦巨人之一——亥伯龙神为其命名。不过，出于保护当地生态的考虑，该树的具体地点未向游客公开。

加州红杉

欧洲云杉Old Tjikko——世界上最老的树

欧洲云杉又叫挪威云杉，是一种大型常绿针叶树，高达35～55米，树干直径可达 1～1.5 米。2008年，一株由瑞典于默奥大学科学家在瑞典达拉纳省境内发现的欧洲云杉Old Tjikko经检测后核实其树龄高达9550岁，成为了世界上最古老的树。

毫不起眼儿的Old Tjikko活了9550岁

百骑大栗树——世界上最粗的树

百骑大栗树的果实

百骑大栗树又叫“百马树”，生长在地中海西西里岛埃特纳火山的山坡上。其树干直径达17.5米，周长有55米。它不仅是世界上最粗的树木，也是世界上最粗的植物。

见血封喉树——世界上最毒的树

见血封喉树，又称箭毒木，是世界上最毒的植物，树内含有乳白色的剧毒汁液。中国的见血封喉树见于云南的西双版纳、广西南部、广东西部和海南省等地。凡被涂有箭毒木汁液的箭射中的野兽，上坡的跑七步，下坡的跑八步，平路的跑九步后就必死无疑，当地人称之为“七上八下九不活”。

见血封喉树

阿诺尔特大花草——世界上最大的花

看着美丽，而奇无比的大花草

阿诺尔特大花草，又称霸王花、大王花、尸花，它是世界上最大的花，其直径可达1.4米，重11千克。大花草开花时奇臭无比，发出腐肉味的臭气，靠吸引厕蝇与甲虫为其传粉。

第五章

人体不得不说的那些事

我们都知道，人类是从猿进化而来的。在距今400～300万年的时候，古猿出现了，为了更好地生存，它们一步步进化，学会了劳动、制造工具，大脑更聪明了。几百万年过去了，猿进化成了智人，智人又一点点进化成现在的我们。在进化中人类的身体发展更加合理，下面我们就一起来探讨一下吧！

第一节 来认识认识你自己

脑是人类的控制中心，是情感、智力等的中枢，也是人类区别于其他动物的标志之一。脑可以说是人类最重要的器官，现在我们就一起来了解一下它。

脑是人体的总指挥

人类出现的时候，地球上已经生存着许许多多强大的动物，但是最终人类主宰了这个地球。在生存的角逐中，人类聪慧的大脑就像是上帝赋予他的作弊器一样，目前所知的动物，可没有比人类的脑袋转得快的。

当然，你有可能不相信你的大脑是上帝精心的杰作，下面它将亲自来为自己辩护，让你进一步了解它。

大家知道我一向不怎么喜欢说太多废话（虽然很多人的脑，显然对语言中枢管理不严，导致这些人废话太多，但是请相信我是一颗严肃的大脑），我是一颗奇特的大脑，大家听得认真一点儿，过了这个村就没有这个店了，我的“出场费”一向不低。

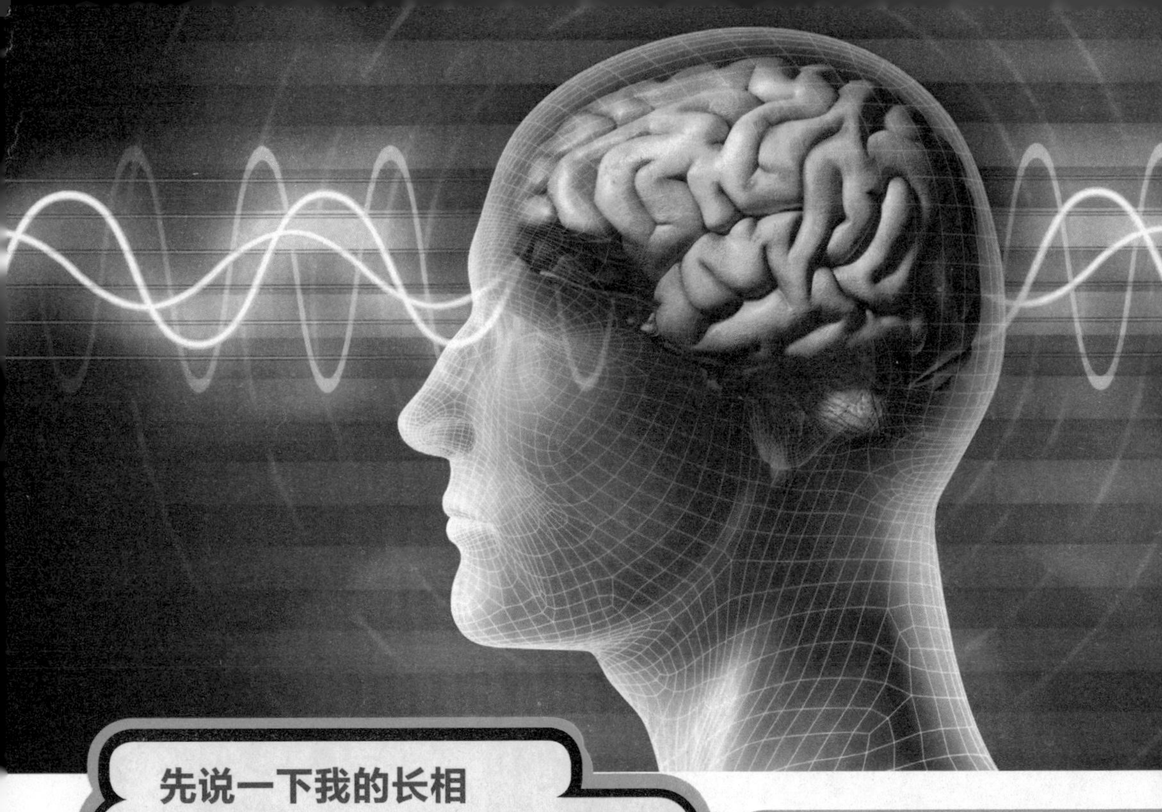

先说一下我的长相

悄悄地告诉你，如果你不想去医院欣赏泡在福尔马林中的大脑（我可不喜欢那个地方），而想知道我最常见的形态的话，那么请你立刻去超市——直奔水果区，买一个1.4千克左右的柚子回来。我想，这应该是最接近我的大小、形状的常见物。当然，我的颜色肯定比柚子好看，那是一种微红中带点儿灰的颜色。我自认为这是世界上最美丽的颜色。

再说说我的功能区

就像地球有南北半球一样，我是由左右半脑组成的。当然这两边长得大同小异，但是我告诉你一个小秘密：它们的功能大不一样哟！左脑主要控制着你的逻辑思考和语言，这么说你现在可能有点儿不明白，其实你现在正在使用着你的左脑——因为此刻你正迫切地想要在脑海中形成“脑”这个概念，想要把“脑”

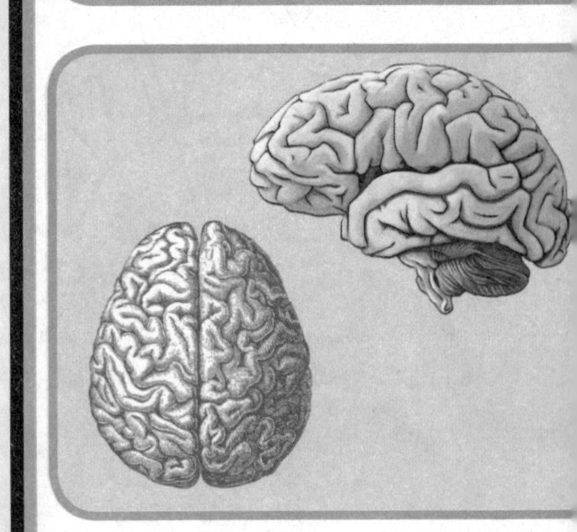

了解清楚，想要通过推理明白我在说什么，想要用语言或数据表达出来。瞧，这些都是你的左脑在掌管。当然，你不要以为你的右脑很懒惰——不不不，它可是掌管着音乐、想象、绘画等功能哟。

唉，其实，我觉得我的分工再明确不过了——如果你能说会道，还精通数学，你的左脑肯定很发达；如果你有很强大的艺术细胞，这一定要归功于你的右脑。当然，如果你既能说会道，还充满了想象，那么，你说不定是个天才！（瞧，我有时候还是很幽默的。）

脑部彩图

左右脑

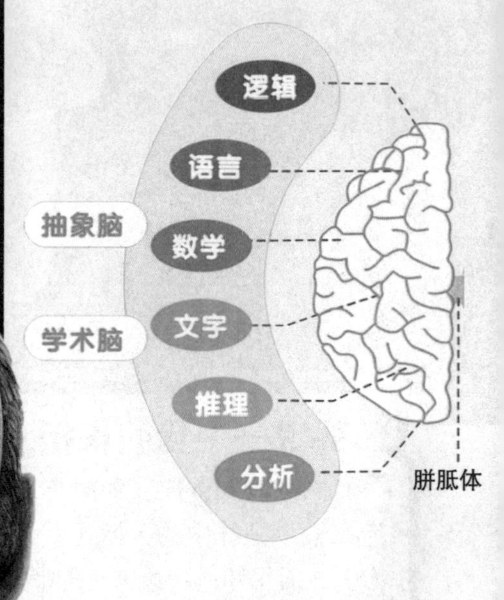

我的内部构造

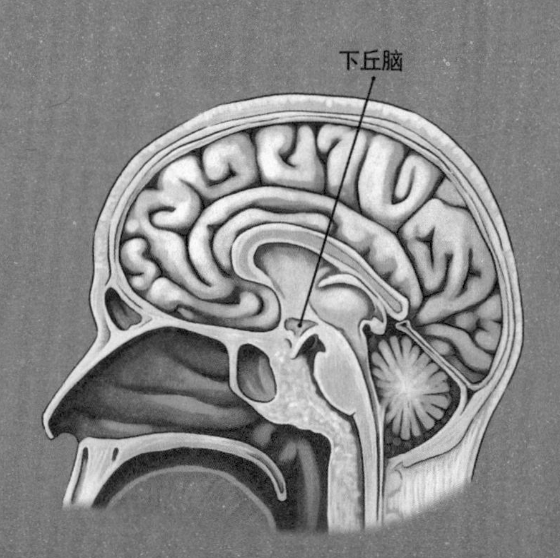

下面，来考考你——你现在一定很紧张，来吧，我的问题是：是谁让你一会儿高兴，一会儿难过，一会儿又紧张的？

你不知道吧？因为这是一个藏在我身体里的秘密。在我——就是脑的深处，有一颗像小樱桃一样的东西，它的大名叫下丘脑，别看它小，这个小个子可不简单，它掌管着你的情绪，你的喜忧哀乐都是因为它。它还

功能图

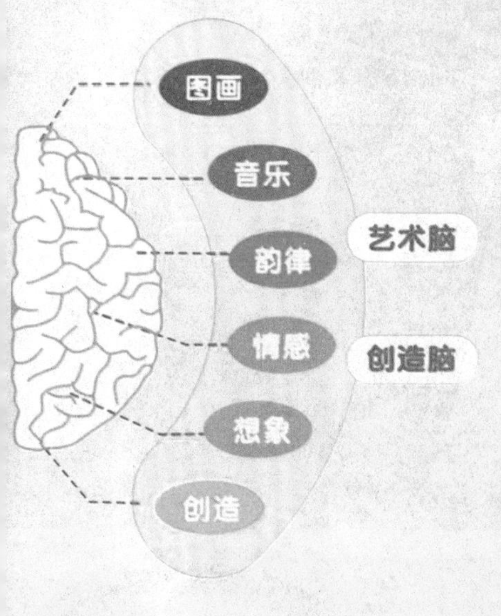

有一个强大的功能——它是整个身体的中央空调，是它把人体的温度控制在37℃左右的。

我必须得喘口气，说了这么多，感觉像是跑了1万米一样。你要是跑1万米，估计很难站得住了。这下问题又来了——站不稳是怎么回事？

你一定要问，难道站不站得住也由脑管吗？这不应该是四肢的功能吗？说到这里我不得不很得意地告诉你，脑可是整个身体的总指挥哟，要是没有我，身体就是个摆设！好了，言归正传，要记住，在大脑下边还有一个叫小脑的小家伙，就是它控制着你的平衡、肌肉运动等。要想跑步跑得快，小脑必须发育得好。

我一直自诩精明简练，却说了这么多，你们是不是越来越喜欢我了。可要好好爱我呀，虽然脑脊液、脑膜、头骨、头皮甚至你的头发都在为我提供保障，但是我不得不说，我很脆弱。

休息休息

你的大脑要睡觉了，一直不停地思考会让它非常疲惫，而睡眠能让它得到及时地休息，以便更好地运转。现在我将接替它，继续给你们上课，我可是真正的简洁派哟！

我们已经知道了大脑、下丘脑、小脑这三个部分，组成脑的还有脑干和脑垂体。脑干调节基本的生命功能，如你的心跳、呼吸、吞咽等；而脑垂体会影响你的生长和发育。要是你长得太高或者太矮，可能就是脑垂体生病了。

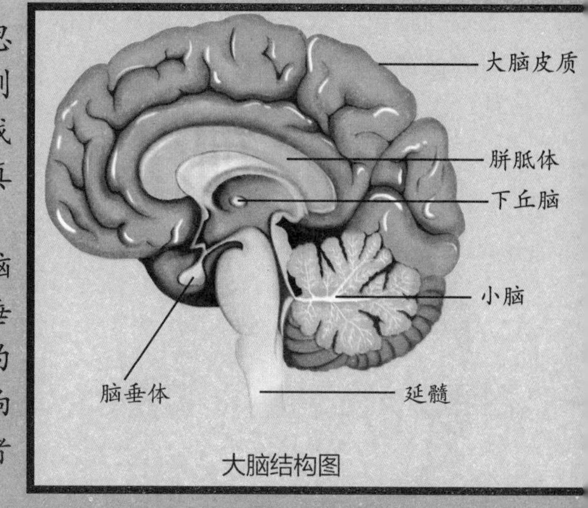

大脑结构图

眼睛说

我是最重要的，人们都说我是他们心灵的窗户呢。我把光投射到对光敏感的视网膜成像，在那里，光线被接受并转换成信号，通过视神经传递到脑部。

我的组成结构也是相当复杂的，从外表上看，人们能看到眼白、眼球和上下眼睑。眼睑保护着我，是最称职的保镖。我的内部结构更加复杂，仅眼球就包括晶状体、巩膜、虹膜、角膜等部分。当光线从透明的角膜经过，就会进入瞳孔，虹膜根据光线的强弱，调节瞳孔的大小，最后光线到达晶状体，然后投射到眼球后面的视网膜上面，视网膜上面的约1.3亿个对光线敏感的细胞接受了这些光线后，会把图像变成电冲动，通过视神经传达给大脑。其实，我看到的图像是倒立的，不过聪明的大脑会把这些图像再次倒转成正的。你是不是感觉看东西是特别复杂的一件事，不过，灵敏的我可是能瞬间完成这些动作的呀。

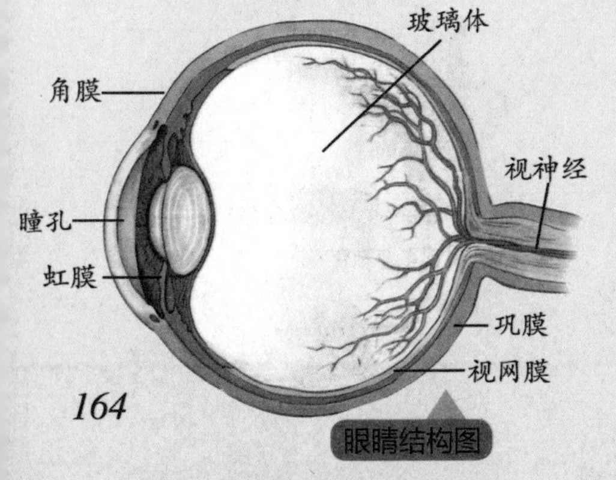

眼睛结构图

耳朵有点儿不服气了

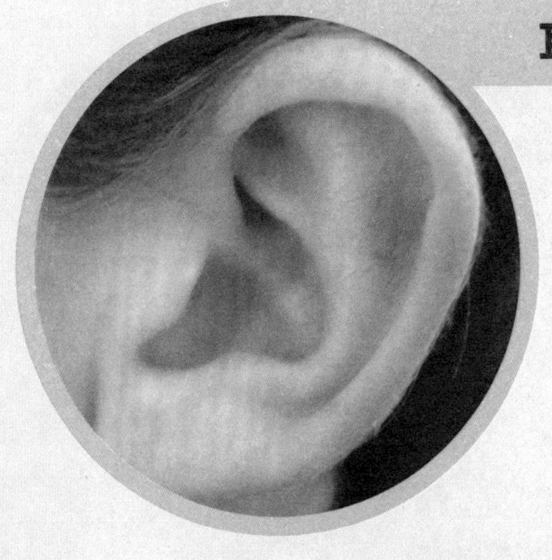

难道就你最重要吗？我同样很重要。要知道，没有我，人类将什么也听不见。我是一台接收器，能接收空气中的声波；我还是声波的破解器，将声波翻译成电波传达给大脑；同时，我还有一个很重要的功能，能保持人体的平衡。当空气中的声波通过外耳道，到达鼓膜时，鼓膜就会振动，并将声波传入内耳，内耳中有个充满了液体的细小组织，它因为长得像蜗牛，所以有一个很好听的名字——耳蜗，耳蜗中还有数以万计的刚毛，就是通过这些刚毛，讯息被传达至脑部。虽然从外形上面看，我很简单，但是我的内部特别复杂！

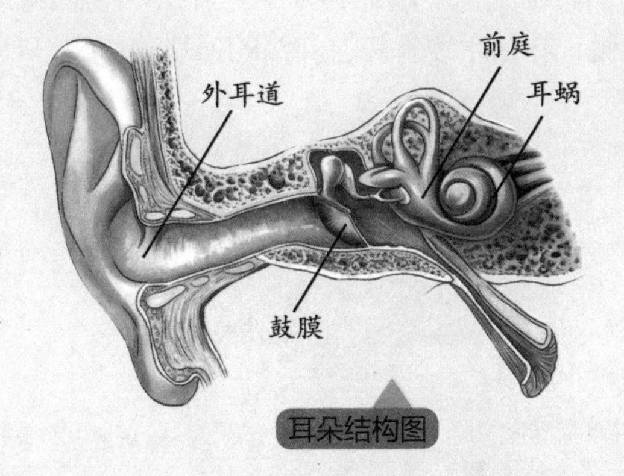

耳朵结构图

鼻子按捺不住了

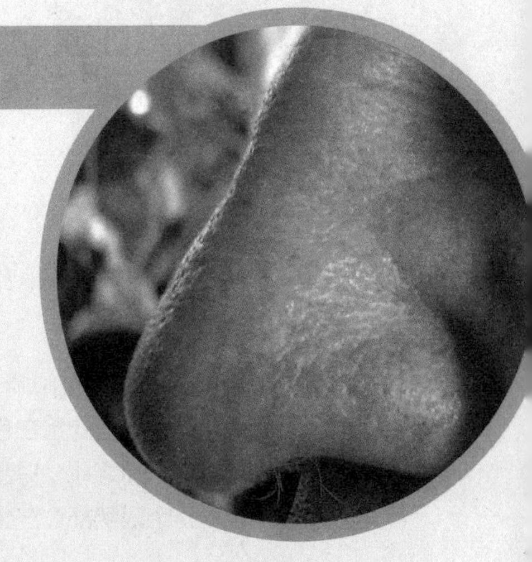

当然，你们说的都有道理，但是人类要是离开了我，那也是不行的。我的功能也不简单呢，我是呼吸道的起始部分，能净化吸入的空气并调节其温度和湿度。我是最重要的嗅觉器官，我还可辅助发音，是不是很厉害呢。

当空气分子进入鼻孔后，就会触发我内部的细胞膜，然后细胞就会把神经冲动传到嗅球上面，神奇的嗅球会自动把这些神经冲动分类，并通过嗅觉神经传送到脑部。我能分清大约4000种味道，很神奇吧？

嘴巴、舌头也加入了这支队伍

嘴巴是整个脸部运动范围最大、最富有表情变化的部位，是吞咽和说话的重要器官之一，也是构成面部美的重要因素之一，可产生丰富的表情。

舌头是产生味觉的主要器官。当食物进入嘴里，舌头上的味蕾就能立刻分辨出不同的味道。舌头上大约有10000个味蕾，但是你们不一定看得见它们。舌头上突起的物体叫作乳头，它们帮助舌头控制食物，味蕾主要就长在乳头的顶端和边缘。

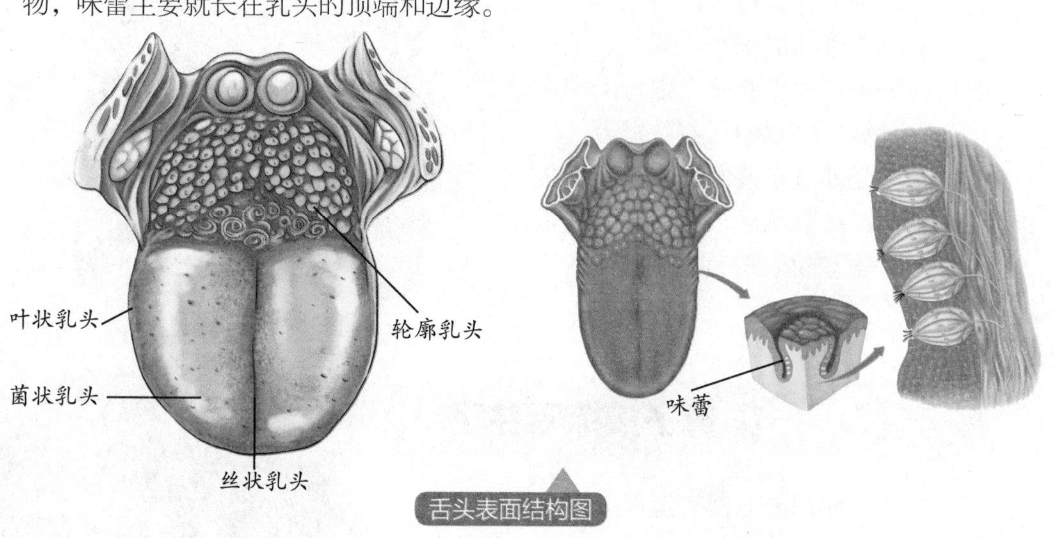

舌头表面结构图

快问快答 为什么人在微笑的时候两眼会闪闪发光?

微笑时最重要的肌肉就是眼睛下面、脸颊突出的部分。当微笑时，嘴角往上移，同时使牙齿露出来。这样牙齿的雪白色与嘴唇所形成的强烈对照，就增强了微笑所发出的信号。当笑得厉害时，眼睛周围的大括约肌就会出现变化：它将上部面颊拉往上面，从而出现眼角皱纹。于是，整个眼睛部位产生如同诗人所描绘的“闪闪发光”的令人愉快的感觉。

皮肤——阻隔，感觉，人体工厂的第一道防线

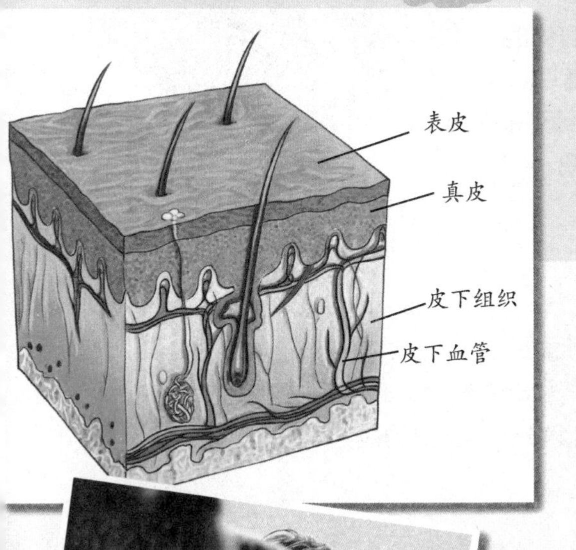

看起来并不起眼儿的皮肤，实际上却是人体最大的器官，它至少占据人体15%的重量。这在你看来也许是有点儿不可思议了，不过，这就是事实。

皮肤是人体的第一道防线，非常敏感，它会在第一时间告诉你冷热、尖钝、疼痒等感觉，让你迅速反应过来，远离危险；皮肤调节着人体的温度，同时还要保持人体内脏的湿度；它还能和阳光合成维生素D。

人体的皮肤颜色各不一样，这主要是取决于黑色素含量的多少。黑色素能保护皮肤免受阳光的伤害，所以在炎热的地方人的皮肤内就含有较多的黑色素，看起来就很黑。

黑色素的含量决定了人类皮肤的颜色

皮肤虽然很薄，但是组织很精密。最外面的是表皮，表皮下面是真皮，再下面一层是皮下组织。表皮细胞会不断脱落，仅仅在1分钟之内，表皮脱落的细胞就达30000～40000个。不过无须担心，身体正在源源不断地产生新的细胞。真皮层比较厚，有弹性，但它的恢复能力不如表皮。

表皮脱落的细胞是螨虫的最爱

灵活的手

手，无性别，年龄和主人年龄一样，身体的常住居民，因长期不太受主人的关注，特意写此报告，以期得到一定的关注和爱护。下面将详细列举手的“丰功伟绩”，请大家认真听取，并引起重视。

手是人体最有特色的器官之一

科学家认为，手是使人能够具有高度智慧的三大重要器官之一。除了手，其余两个器官分别是可以感受到三维空间的眼睛和能够处理信息的大脑。在大约400万年的进化史中，人类的手逐渐演变成了大自然所能创造出的最完美的工具。

手的灵敏性是众所周知的

在哺乳动物中，人类的手独一无二。大拇指同其他4根手指相对的结构是人手所具有的最大的优越性。许多类人猿可以将自己的拇指和食指对合，但不能将拇指与中指、无名指以及小指对合，因为它们的手指不够柔韧。只有人类，可以自如地运用自己的手指，这是人类文化和科技进步的关键。人类的手指可以感觉到

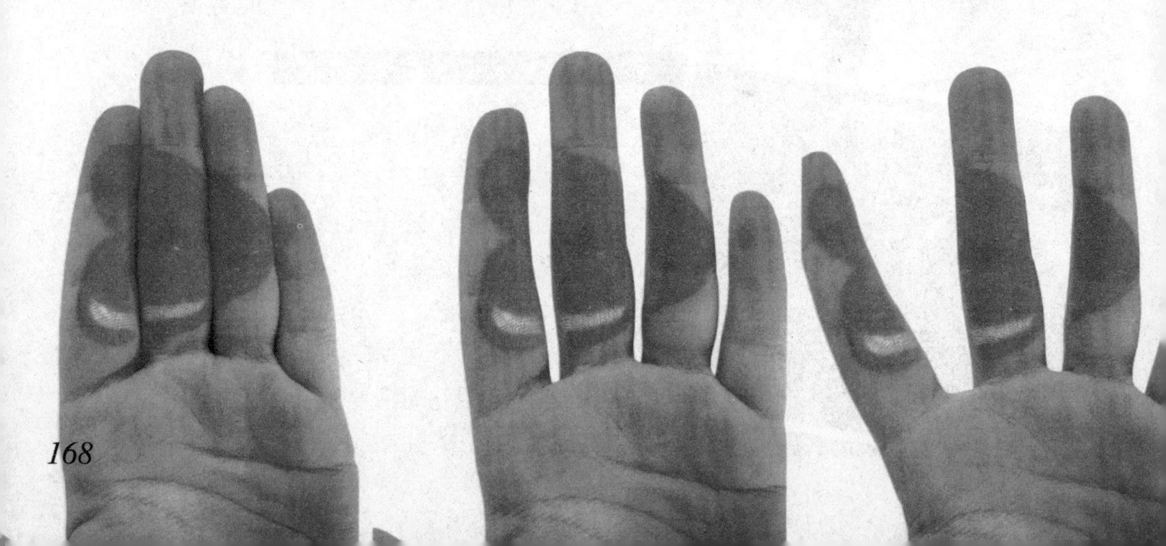

振幅只有0.00002毫米的振动。人们也习惯于在说话时用手指比画，或者完全用手势来表达感情。原始人类曾经用全身各个部位的肢体语言进行交流，在有了口头语言之后，最初的肢体语言都逐渐被淘汰，除了手势。研究发现，在说话时做手势有助于思考、表达和记忆。大脑在说话时变得活跃的那一部分，在做手势时同样也会活跃起来。科学家还发现，大脑控制手的活动区域，分布在运动中枢里几个不同的部位，面积达到大脑皮层的1/4。

手的结构精密，合作默契

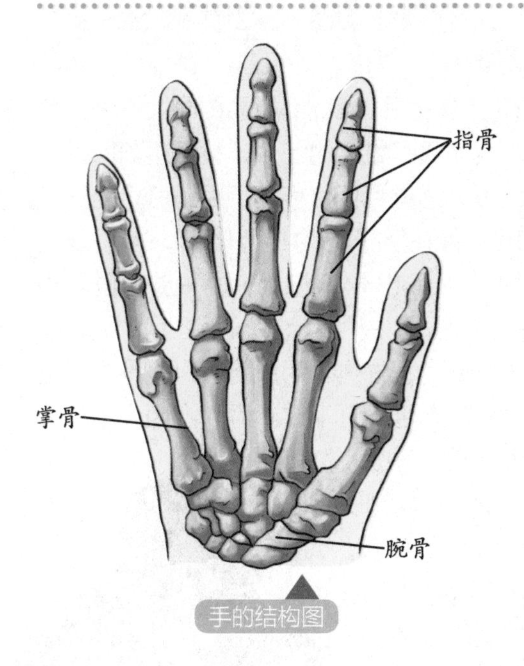

手的结构图

由于手是如此重要，我们不得不来普及点儿常识：手部有54块骨头，通过肌肉和韧带连接在一起。手部的骨骼由腕骨、掌骨、指骨组成。腕骨比较细小，有点儿像鹅卵石；而覆盖在手掌上，使手掌如同扇子般分布的就是掌骨；指骨简而言之就是指头上的骨头。除了拇指是2根指骨外，其他手指都有3根指骨。

中间三指使用时间长、频率高，所以相对较长，拇指和小指就比较短。它们分工十分明确，各司其责，但是同时，它们也相互合作，5根手指少了谁都不行。它们可以一起抓住一只猫，一起拿住筷子，一起写作业……

你知道吗

握在手心的健康

手指脚趾多揉揉，失眠头痛不用愁。常揉拇指健大脑，常揉食指胃肠好，常揉中指能强心，常揉环指肝平安，常揉小指壮双肾。十指对力强心脏双手对插头脑清，旋转关节通经脉，反掌伸展松筋骨，揉揉十指祛头痛。

圆圆的肚脐眼儿

每个人身上都有块伤疤，猜猜它在哪儿？也许你也不一定知道它，也许在身体这么一大堆“零件”中，你轻易就会把它忘记了。但你要知道——人人不能没有肚脐，它既是一个开始，也是结束。

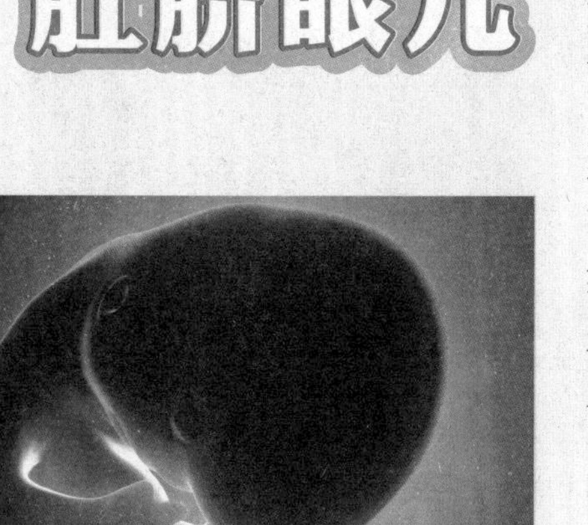

生命伊始，我们在母亲的肚子里一步步长大。这个时候我们有嘴却不能吃东西，有鼻子却没办法呼吸。我们成长所需要的一切，都是由胎盘从妈妈身上吸收的，而这些物质运输的管道就是脐带。通过脐带，源源不断的营养和氧气被输入我们的身体内。

约10个月之后，我们从母亲的肚子里出来了。脐带就完成了自己的使命，被医生剪断。当然，我们不会感觉到任何疼痛，因为脐带上没有痛觉神经。留在肚子上的那节脐带，慢慢地就会自动脱落，而肚子上也留下了一道永恒的伤疤——肚脐眼。

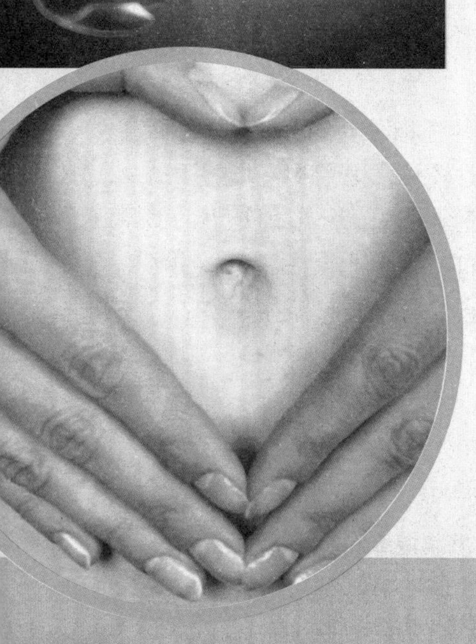

这个时候，也许你认为肚脐眼再也没有任何作用了。不！你可千万不要小看它。因为不仅人体能通过呼吸系统吸收氧气，内脏同样能通过肚脐眼吸收一定的氧气。所以，大家睡觉的时候，一定不要让肚脐眼受凉，否则，它可会和肠胃合作，给你点儿苦头吃的。

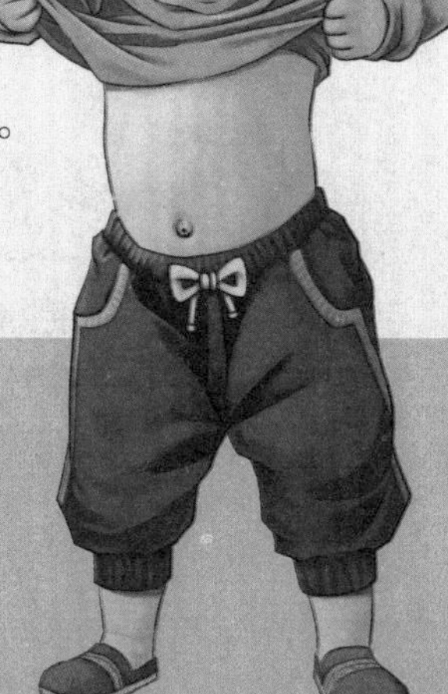

要说整个身体上最倒霉的“零件”，那可非屁股莫属了，谁让挨打的总是它呢！要是主人犯了错，第一个遭殃的准是它；要是主人生病了， 第一个倒霉的也会是屁股，那尖尖的针头，总是准确地扎进屁股里……屁股为自己叫屈。但这可没办法，谁叫它长得比较健壮呢！它看起来肉嘟嘟的，拍着似乎也不是很疼，简直是家长惩罚不听话的小孩儿的最佳拍打部位。难道屁股相对其他部位而言真应该被“虐待”吗？

其实，屁股也不能随便打，因为它同样分布着许多神经。用力较轻时，虽然不会直接造成肌肉、肢体的损伤，但是疼痛的感觉会通过神经中枢的传导使大脑受到刺激，使孩子在精神上处于紧张和压抑的状态，同时，还可能使孩子智力发育迟缓，身高受到影响。若经常打孩子屁股，会使孩子形成不良性格，如孤独、胆怯等。

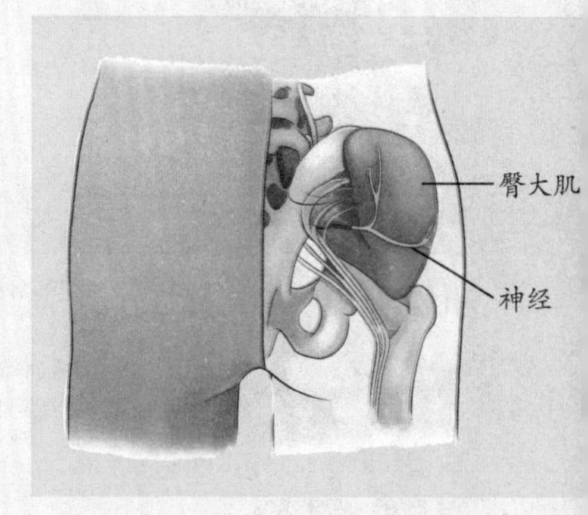

打孩子的屁股还容易损伤他们的肾脏呢。臀部遭受重力打击，会出现皮下淤血等“垃圾”。这些“垃圾”必须通过肾脏从尿中排出，这会增加肾脏的负担，甚至会导致肾功能异常。

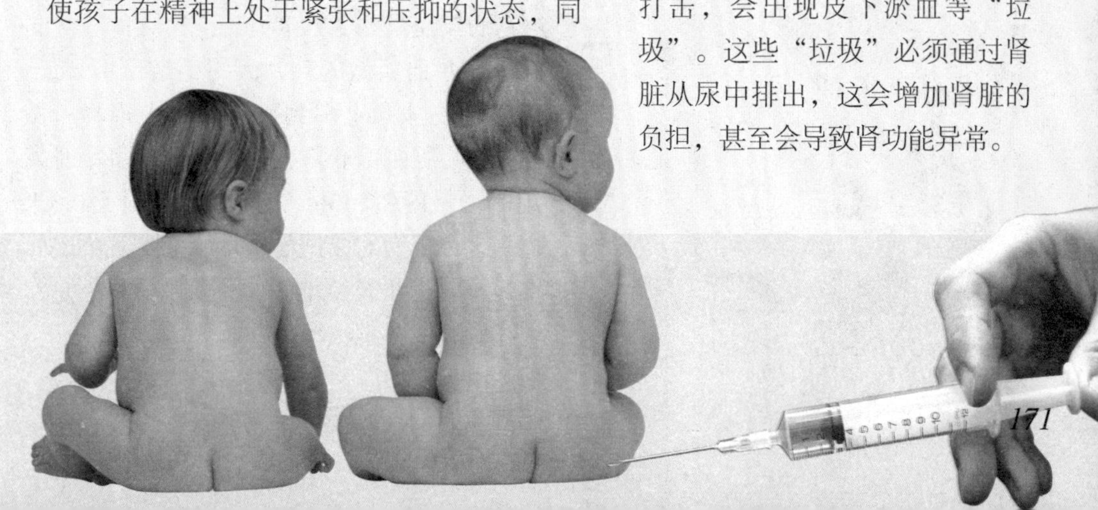

第二节 人体这座大工厂

每天早晨，工厂的大门开启，工人们进入工厂，接上电源，所有机器启动，投入生产，新的一天开始了！

你知道吗？其实你的身体也是一座大工厂，你知道人体中的各个器官是如何运作的吗？下面让我们一起去体验一下吧！

心脏——收缩，循环，工厂的能量泵

泵是一种机械，用以增加液体或气体的压力，使之流动。而心脏可以说是人体的泵，是它把血液输送到身体各个部分的。

当你还是个胚胎，才1～2厘米长的时候，心脏就已经在你的体内跳动了。虽然就体积而言，心脏的确只能算是一个小个子，但是这个小个子蕴藏的力量不容小觑。它收缩一次所产生的力，能将水柱推高到1.8米。当一个人在安静状态下，心脏每分钟约跳70次，每次泵血约70毫升，以此推算，心脏每分钟约泵5升血，一天之内它的泵血量约为7200升，一个人的一生，其心脏泵血所做的功，大约相当于将3万千克重的物体向上举到喜马拉雅山顶峰所做的功。心脏肌肉非常孔武有力，它每小时发出的力量能将1350千克的重物提升至0.3米处。这么庞大的数据是不是令你叹赏不绝？你是不是迫不及待地想要深入了解一下它？现在它就要隆重出场了。

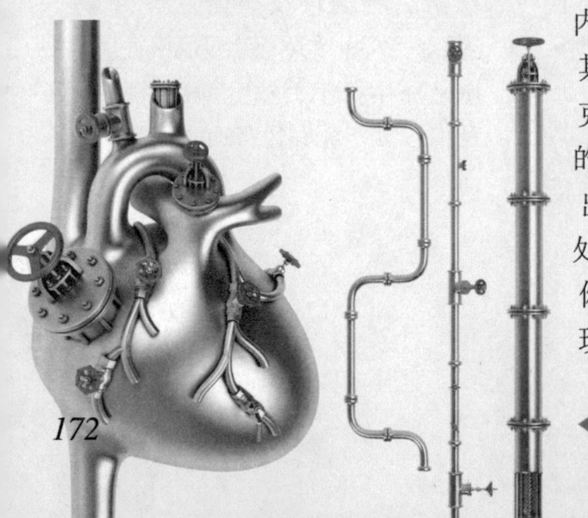

心脏是工厂的总泵

心脏的小档案

心脏在人体的位置

姓名：心脏。

年龄：伴随人的一生，人死亡，它停止跳动。

体重：一般成年人的心脏才300克，大约只占人体重的0.5%。

性格：非常稳重（如果它不稳重，很可能会给人带来灾难）。在成人安静的状态下，心脏大约每分钟跳动70次，如果你运动得比较剧烈，它甚至会每分钟跳动200次。小孩子的心脏跳动比成人快，新生儿每分钟120次，甚至能达到每分钟150次，像你们这些小学生，心跳大概在每分钟80～100次。心脏平时跳动很有规律，如果它突然跳得比较快或者慢，那你可要当心了。

功能：这是个必须要详细说明的部分，要不然我们的心脏会有点儿不高兴。首先，它有泵血的功能，这是众所周知的。心脏这个“泵”由4个部分组成，左右被隔膜分成两个部分，每个部分又分为上下腔，上边是心房，下边是心室。心脏的右边收集从静脉流回的血液，然后将血液通过肺动脉，泵到肺部。被泵到肺部的血，会充满氧气，这些“新鲜”的血液会被肺部静脉输送到心脏的左边，再通过主动脉，被送到身体的各个部分。一口气读完这一段，你一定要大口呼吸一下，这样心脏会把新鲜的氧气输送到脑部。

辅助功能：心脏有一个你绝对想不到的辅助功能——测谎！测谎仪就是根据心脏的工作原理设计的。工作人员把测谎仪绑在被测量的人的胸前，并在他手臂上套上血压仪，然后测试人员接二连三地发问，当被测量人说谎时，心跳就会毫不客气地加速，然后血压会上升，甚至身体都开始冒汗。被测谎人的身体特征都会在电脑屏幕上显示出来，这样就能知道一个人是不是在说谎。当然，测谎仪并不是绝对准确的，对于专业训练过的人它可能就没有用了。

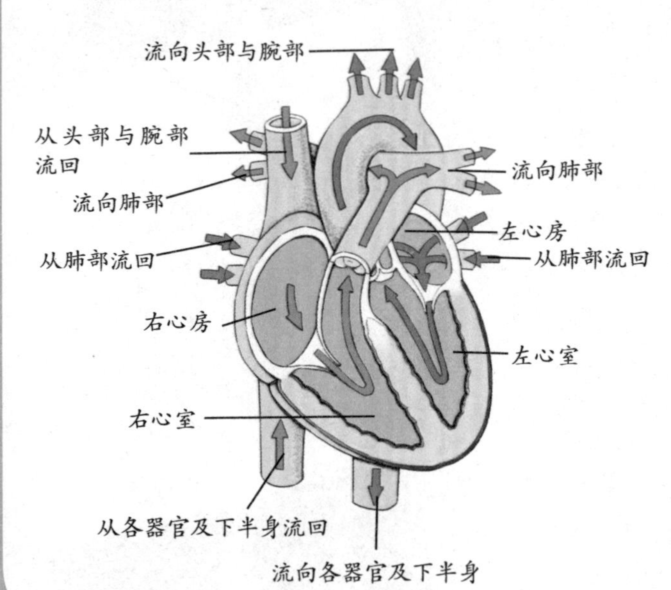

肺——呼气，吸气，输送新鲜能量

要是说心脏是人体这座工厂的总泵，那么肺就是加工、运送新鲜能量的机器。

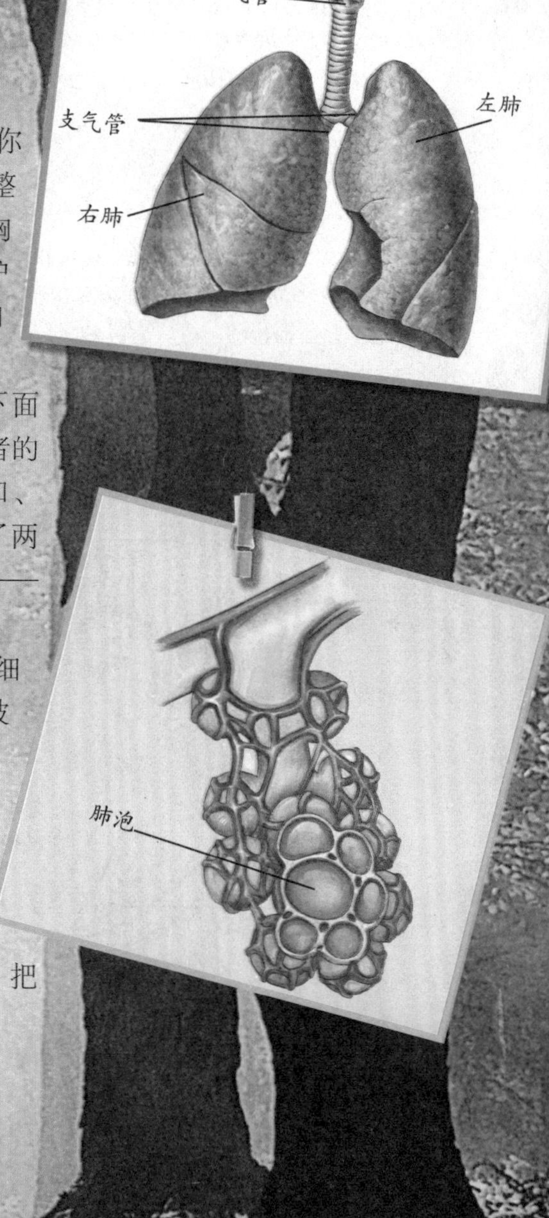

你会不由自主地呼吸，这是一种本能。你一定会问：呼吸和肺有什么关系？其实，在整个呼吸系统中，肺是最关键的器官。在你的胸腔，被肋骨、脊柱、胸骨这三大保镖一起保护着的器官就是肺。瞧瞧有这么多保镖，你就知道它其实是多么脆弱、多么重要。

肺呈微红色，像海绵一般地被长在它下面的一块叫作横膈膜的肌肉托着，在众多保护者的围绕下，它正孜孜不倦地运作着。空气通过口、鼻、喉，进入到气管。气管在最末端分为了两支，就是人们所说的支气管，空气在此分流——一部分进入左肺，一部分进入右肺。

支气管再次“变身”，它化身为很多很多细如发丝的细支气管，支气管和细支气管要是被单独解剖出来，看起来就像是一棵美丽的树。细支气管的末端有一簇气囊，就像一串葡萄一样，这就是肺泡。

氧气进入肺泡，再进入毛细血管，然后通过血液运送至人体各处。同时，肺泡又接受回收物——二氧化碳，然后在人呼吸的时候，把它排到体外。

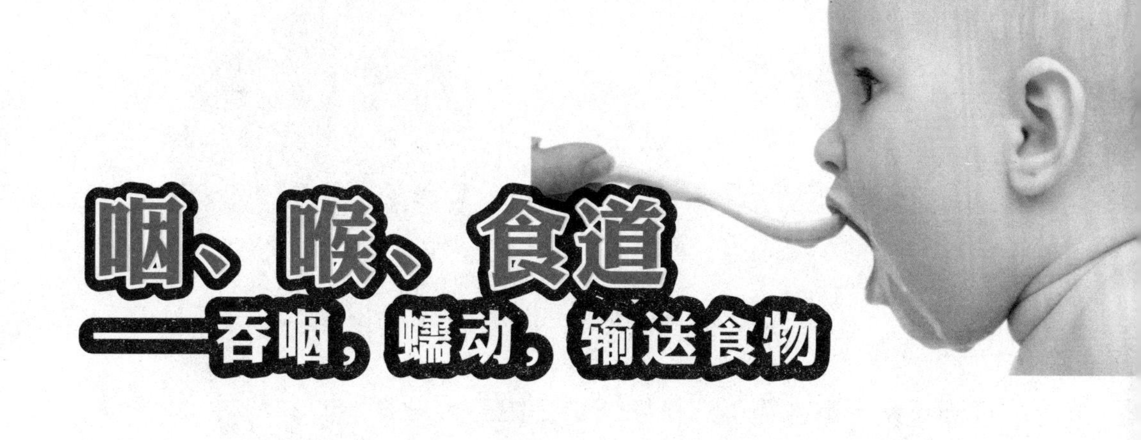

咽、喉、食道——吞咽，蠕动，输送食物

“咽”“喉”傻傻分不清楚

咽和喉是人体中非常重要的“螺丝钉”，咽、喉是两个不同的器官。咽分鼻咽、口咽和喉咽三部分。平时我们张开嘴巴能看见的那一部分就是口咽。喉位于颈前部中央，上与喉咽相通，下与气管、支气管和肺相接。

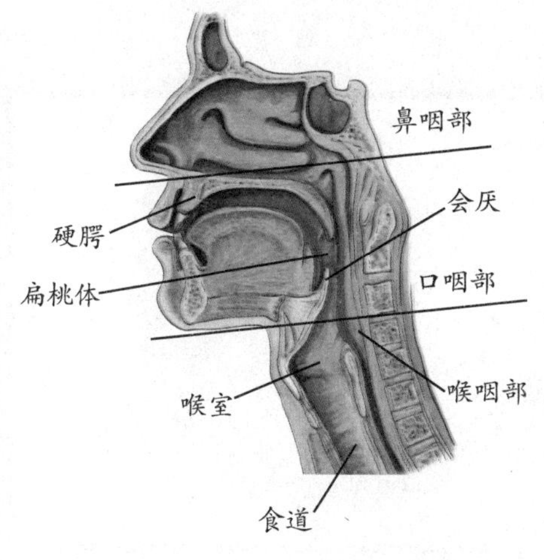

合作默契的小伙伴们

咽、喉、食道是人类消化系统的前段。当我们进食的时候，食物经过咀嚼，变成了食团。当食团接触舌根及咽部黏膜时，咽喉的器官立刻默契合作起来：软腭提升起来，封住通往鼻腔的通道，呼吸暂停，声门紧闭，会厌将气管覆盖，防止食物进入肺部，喉部上提，梨状窝开放，食团越过会厌进入食道。

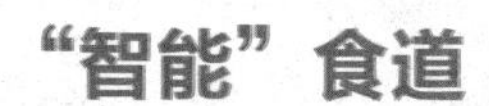

“智能”食道

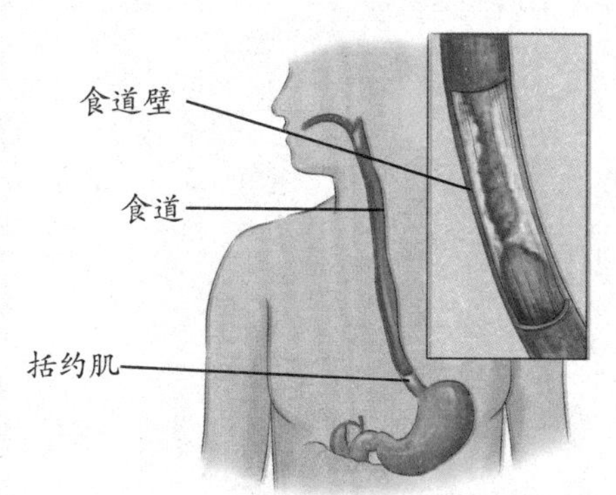

食道是一条由肌肉组成的中空通道，在最尾端与胃相接的地方有一块括约肌确保胃酸不会逆流至食道中。食道在平时呈现扁平状，当有食物通过时便会扩张。当食物进入食道后，食道壁的肌肉像波浪般蠕动，将食物推入胃中，此外，食道还会分泌一种黏液，让食物可以轻松地通过。

胃——收缩，扩张，加工食物

仔细观察一下“胃”这个字，它是由“月”“田”构成的。在古语中“月”指代肉，“胃”字即表明胃是身体里的田。中国自古就是农业大国，“田”是古代劳动人民最珍惜的东西，而在他们看来，胃在身体中就占据这样一个重要的地位。

胃是身体的转化器

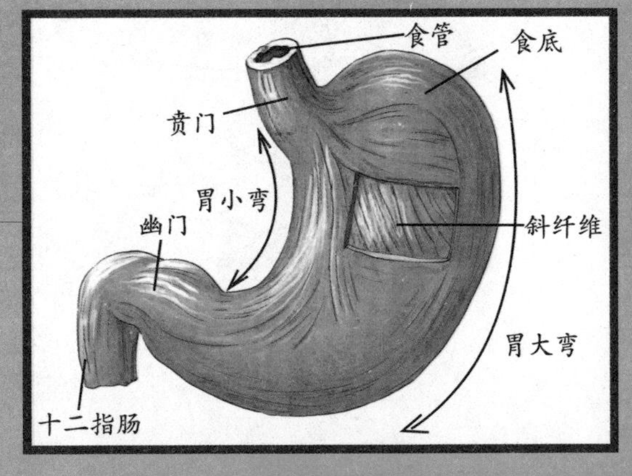

我们首先来认识一下这个“转化器”。它是消化管最膨大的部分，上连食管，下连十二指肠。胃分上下口，大小2弯和前后2壁，共分为4部分。胃的上口称贲门，接食管，下口称幽门，通十二指肠。胃小弯，相当于胃的右上缘，自贲门延伸到幽门。胃大弯从起始处呈弧形凸向左上方，形成胃底的上界。胃的大小和形态并不一定，因充盈程度、体位以及人体体型等状况的不同而不同。一般说来，成年人的胃在中度充盈时，平均长度为25～30厘米，胃容量约1500毫升，当然，它还可以更大。

转化器工作“进行曲”

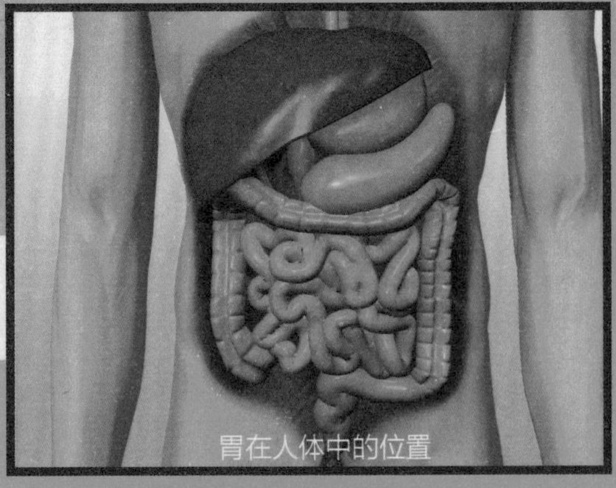
胃在人体中的位置

原始材料进入到胃部以后，胃会不停地舒张和收缩，让胃里的东西充分

地搅拌和混合。然后，胃自动分泌胃液，胃液中的酶、盐酸等物质对食物进行分解和除菌。千万不要小瞧了这些胃液，尤其是盐酸，它具有很强的溶解性，甚至金属都难逃它的“铁手”。当然，你要是担心它会把你的胃也溶解掉，那证明你还不够了解你的胃，你得知道，胃壁的黏膜层会很好地保护胃壁，使其免受胃液的伤害。胃壁共分4层，自内由外依次为黏膜层、黏膜下层、肌层和浆膜层。

食物消化进程

进入到胃部4~6个小时后，食物就会被消化，变成像牛奶一般的稠状物，这时候，胃底部的幽门括约肌就会打开，然后将食物慢慢推送至小肠。幽门括约肌限制每次排出食物的量，防止十二指肠的物质逆流入胃。一般水只需10分钟就能从胃排空，糖类食物需2小时以上，蛋白质排空较慢，脂肪更慢，混合性食物则需4~6小时。

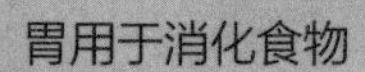

胃用于消化食物

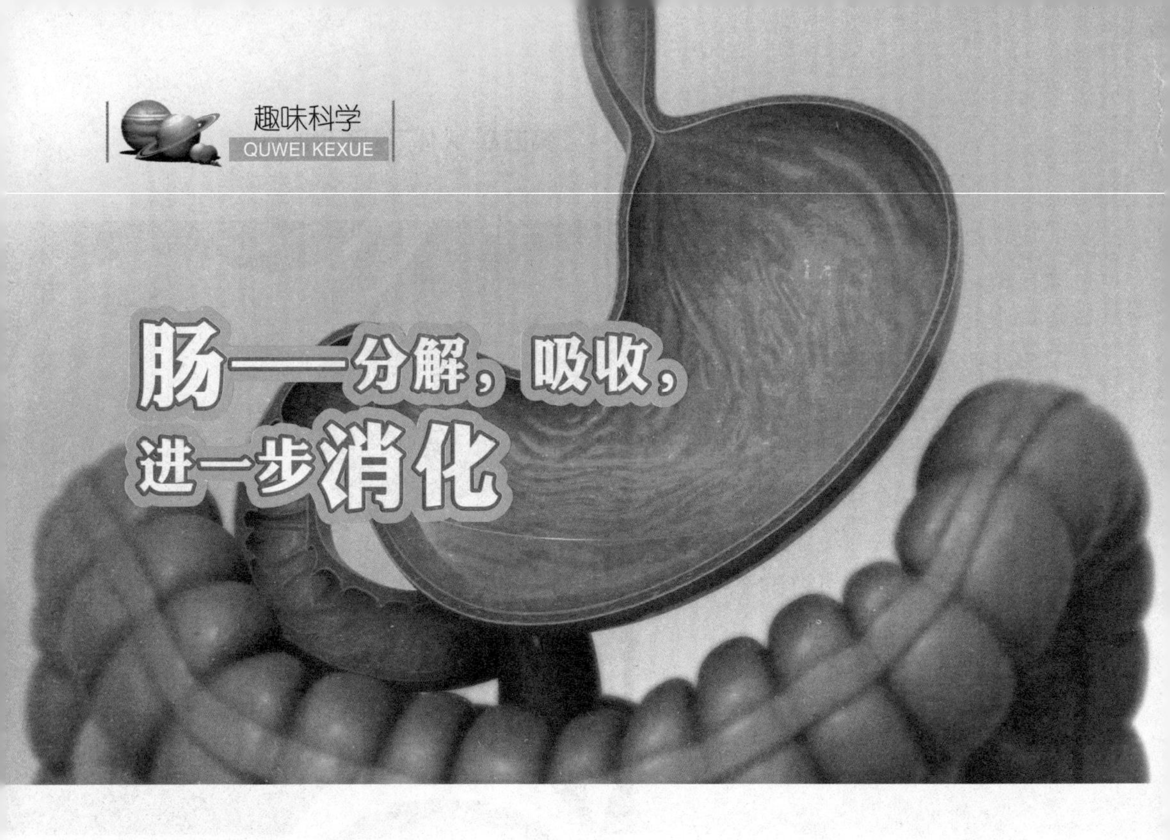

肠——分解，吸收，进一步消化

消化系统的最后两站

胃里的食物一旦进入小肠，就会被分解。由原先的食糜变成黏稠的像泡沫一般的糊状物。小肠吸收食物里面的营养物质，并把这些营养物质运送到身体的各个部分。营养物质大部分被吸收后，剩余的残渣废弃物就会被排放到大肠。大肠接替小肠的工作，主要吸收还未消化的食物中的水分，然后储存这些残渣，最终将其排泄出去。

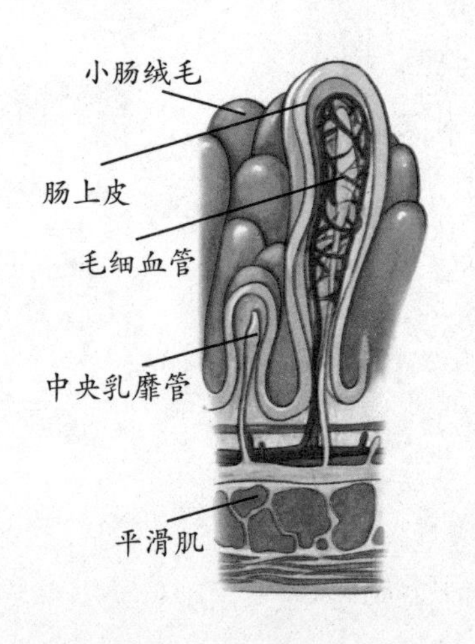

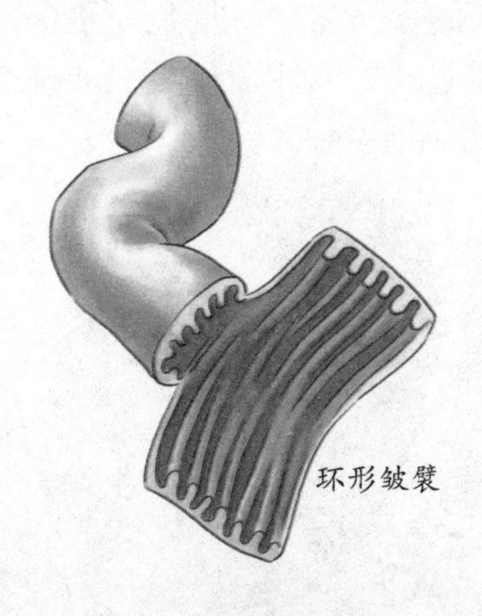

小肠很关键

小肠是吸收营养物质的关键器官。虽然小肠这个名称可能会让你误会它的功能，但实际在人体中，小肠是一个肩负重任的巨大器官。小肠全长3～5米，约是大肠的4倍，直径3～6厘米。小肠发挥作用的关键是小肠黏膜有许多环形皱褶和大量的绒毛。这些绒毛的表面又有许多细小的突起——微绒毛，每根小肠绒毛上面大约有1000～3000根微绒毛。正是这些绒毛使小肠黏膜的表面积增加了600倍，达到200平方米左右。表面积越大，吸收的越多。小肠的巨大吸收面积，使营养物质能快速被吸收，再进入血液。如果我们的小肠是平滑的，要在几个小时内把营养物质吸收完，就需要延长它的长度。你知道我们需要延长多长才能有现在的吸收效率吗？3.5千米！这个数字很吓人，感谢这些绒毛，否则我们就要长着几千米长的小肠了，那可真成了怪物了。

小肠绒毛

为“臭名昭著”的大肠平反

看过小肠的“丰功伟绩”，你或许觉得大肠没什么了不起的，它顶多就是个“臭名昭著”的“囤粪池”。不！大肠是人体消化系统的重要组成部分，大肠能进一步吸收消化物中的水分、电解质和其他物质（如氨、胆汁酸等），形成、贮存和排泄粪便。大肠还有一定的分泌功能，能保护黏膜和润滑粪便，使粪便易于下行，保护肠壁，防止机械损伤，免遭细菌侵蚀。

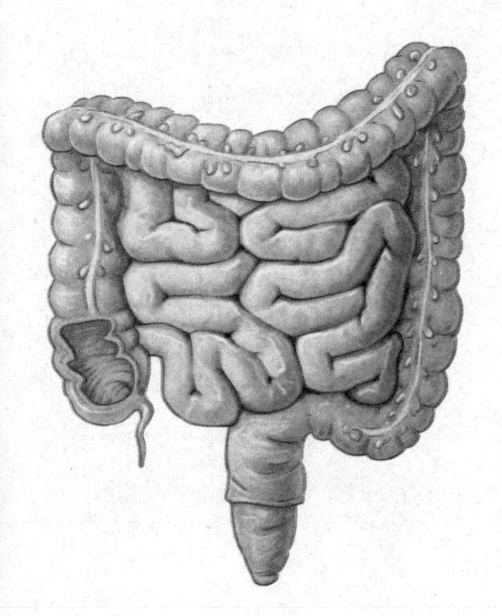

同时，由于大肠内的酸碱度和温度对一般细菌的繁殖极为适宜，故细菌在此大量繁殖，在大肠内部一共有700多种有着不同的功能的细菌。这些细菌有好有坏，大肠所吸收的部分营养物质就产自在大肠内部生活的细菌，如维生素K和生物素等。大肠内的细菌还会参与到一些抗体的生产过程中。

肝——合成，分解，新陈代谢的枢纽

它算是个大个子

在某些情况下，肝脏甚至可以说是最大的器官。肝脏是最大的器官？你一定会努力地去查找，证明我这个观点是错误的。你查到的结果是——人体最大的器官是皮肤！对，你的怀疑确实是对的，因为肝脏确实不是人体最大的器官，但是千真万确，它是人体内最大的内脏器官，重约1~2.5千克。

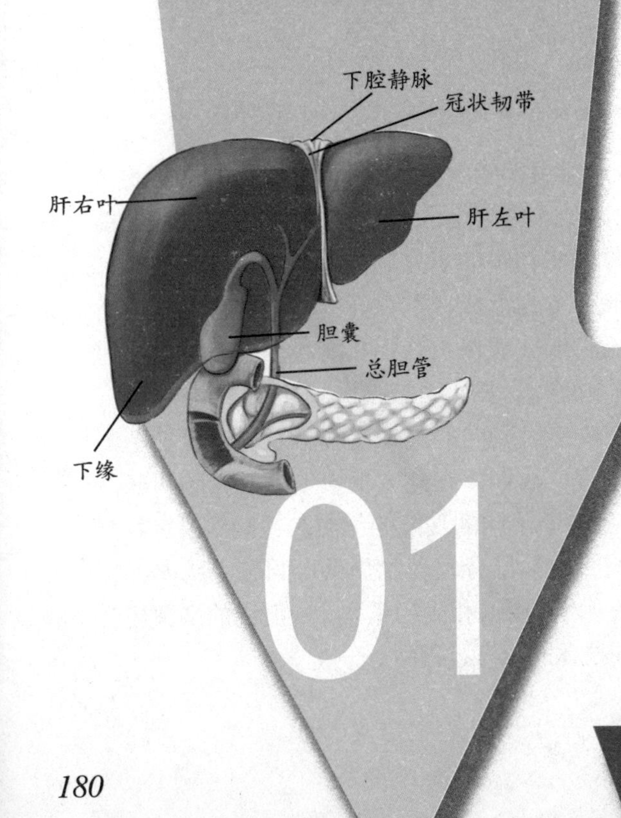

02

肝脏和血液关系很铁

骨髓能制造、储存血液，心脏是血液的总调动指挥官，肝脏和血液又有什么关系呢？

其实，肝脏和血液的关系大着呢！可以说肝脏是所有腹腔器官中唯一有双重血液供应的器官。肝脏血液供应非常丰富，肝脏的血容量相当于人体总量的14%。成人肝每分钟血流量有1500～2000毫升。肝接受大约1/4的心脏出血量。肝的血管分入肝血管和出肝血管两组，入肝血管包括肝动脉和肝门静脉；出肝血管是肝静脉系。

肝脏血液有1/4来自肝动脉，来自心脏的动脉血输入肝脏，主要供给氧气，因此肝动脉是肝脏的营养血管，内含丰富的氧和营养物质，保证肝脏的物质代谢。肝脏血液有3/4来自于门静脉，门静脉是肝的机能血管，其血液富含来自消化道及胰腺的营养物质，被肝细胞吸收，再经肝细胞加工，一部分排入血液供机体利用，其余暂时贮存在肝细胞内，以备需要时利用。

肝脏很“忙”

肝脏是人体内的袖珍化学工厂。它能过滤有害物质，参与蛋白质、脂肪、维生素的代谢。肝脏还参与胰岛素的生成，生产血小板生成素，以促进血小板的生成，还分泌胆汁，分解胰岛素和其他激素……不要一项一项数了，要知道，你一时半会儿可数不清，因为你的肝脏能为人体完成500多项重要的任务！

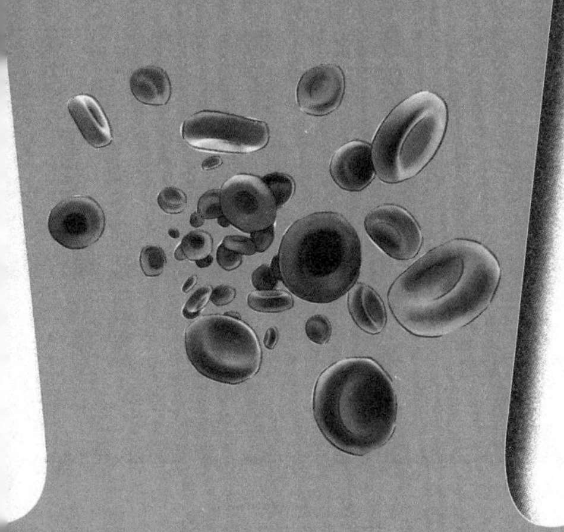

03

04

神奇技能“秒杀”其他器官

作为一个非常重要的器官，肝脏还拥有一项神奇的技能——它是人体内唯一能再生的器官，即使正常肝细胞低于25%，仍可再生成正常肝脏；即使你的肝脏被切除了90%，剩下的10%也能担负起整个肝脏的功能。这么说，并不意味着你可以使劲糟蹋肝脏，它同样很脆弱。酗酒、熬夜都是肝脏的头等杀手。

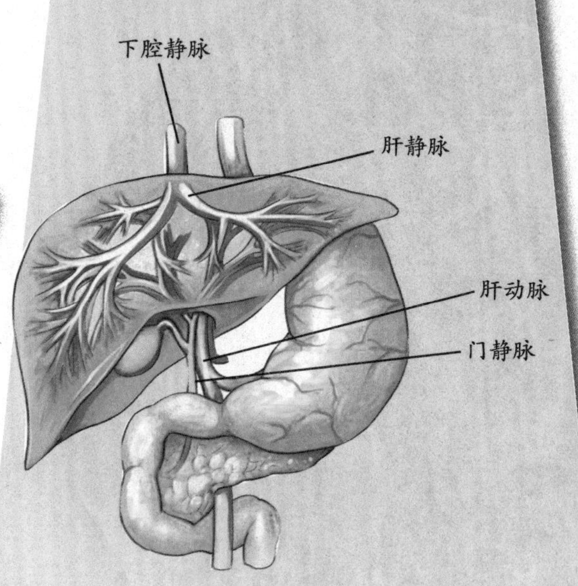

肾——过滤，

长相像蚕豆

想要知道自己的肾大概长成什么样子，这是一件很简单的事情。你拿出一颗蚕豆来仔细观察一下就行。人的肾就像蚕豆的样子，不过形体比蚕豆大多了，而且有两个，它们每个大概有拳头大小，长在腰的两侧，共重约200克。

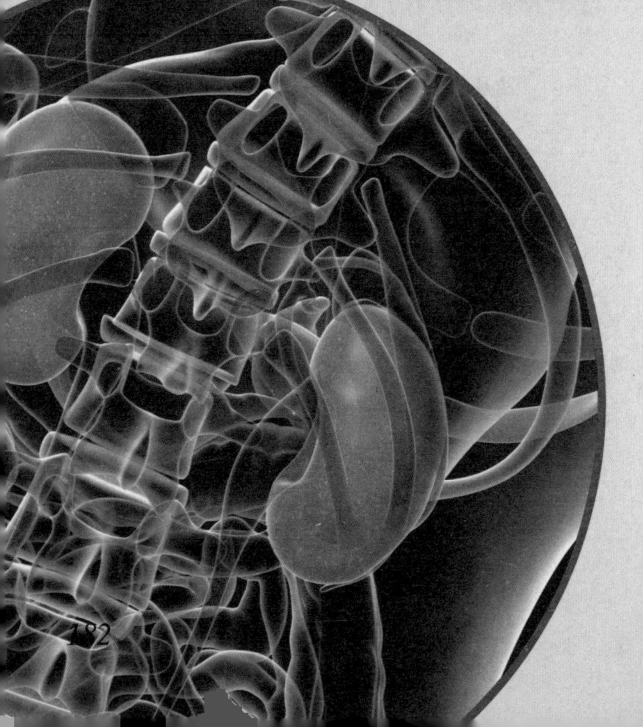

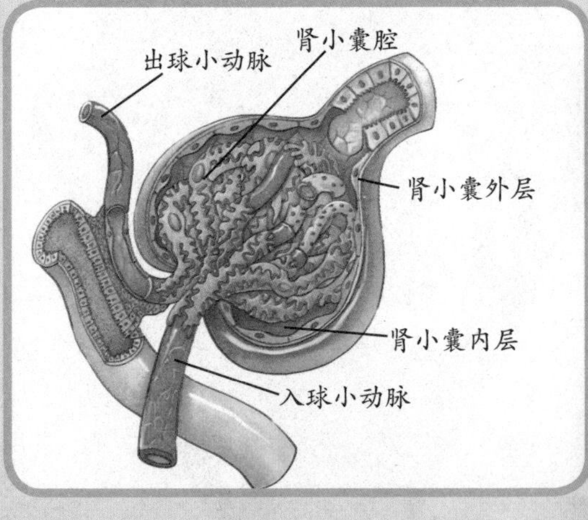

代谢，去粗存精

功能不简单

肾脏最大的功能就是过滤血液中的废物。也许就在你读这一段文字时，你全身的1/4血液就流过了肾脏。正常肾脏每天最多可过滤15～20升血液。那么为什么血液要不停地经过肾脏呢？简单说来，血液经过肾脏主要就是过滤，把有用的物质和无用的物质分离开来，然后再通过输尿管把无用的物质排出去。这些无用的物质就是尿液。血液中大概有99%的物质会被回收，1%的物质会被排出，所以正常人排出的尿液一天大概1500毫升。

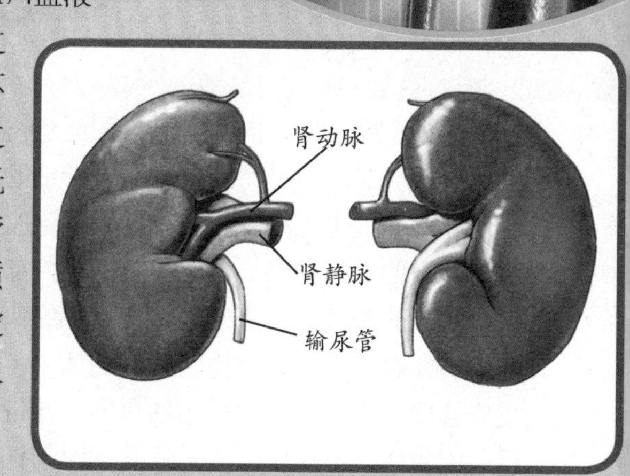

结构很复杂

我们的肾脏个头虽小，却承受着巨大的工作量。为了完成艰巨的任务，每一个肾脏里面都包含了100多万个肾单位，肾单位是细小的血液过滤单位。

肾单位包括肾小囊、肾小球、肾小管。肾小球和肾小管相互合作又相互竞争：当肾小管沾沾自喜能排出药物及毒物时，肾小球立刻就要不服气了，因为药物若与蛋白质结合，则非通过肾小球过滤而排出不可；当肾小球洋洋得意于自己能调节人体体液时，肾小管也不服气了，因为人体必需的钠、钾、钙、镁等大部分营养物质的回收是在它那儿进行的（它一定不愿意让别人知道这些电解质本身是出自肾小球的滤液中的）……不过无论如何，它们的分工、合作是十分默契的。

总而言之，肾脏能调节体液、分泌内分泌激素，以维持体内环境稳定，使新陈代谢正常进行。肾脏要是生病了，血液中的有害物质无法过滤，就会引发疾病，可能会出现人体发育异常、水肿、免疫系统的破坏等，甚至可导致人的死亡。

骨骼——支撑，保护，建构人体工厂

人体骨骼结构图

“多功能”骨骼

人体这座工厂，内部构造神秘而精密，其中的复杂我们已探知一二。但是，即使构造再精细的内部工厂，若没有外部支撑，也无法正常运行。人体这座工厂的支撑者，当之无愧的就是骨骼。骨骼还能保护内部器官，想想要是没有坚硬的颅骨、紧密的肋骨，我们的头部和胸腔器官肯定一击即碎。骨骼也维持着我们的体态，大家可千万不要变成“软骨头”；人体的运动也离不开骨骼……“五大三粗”的骨头，不仅仅只干重活儿，它同样能干精细活儿，比如说造血，这是长骨的骨髓的功劳；骨骼还是一个很好的贮存器，能贮存钙和磷。

骨骼“七十二变”

人体骨骼的数量随着身体的变化而变化。一般情况下，新生儿有305块骨头，而儿童大多有213块骨头，成人有206块骨头。数量减少并不意味着骨头随着人体的生长而丢失了，只是愈合在一起了。比如头骨会随年纪增长而愈合；儿童的尾骨有4～5块，长大后就合成了1块……

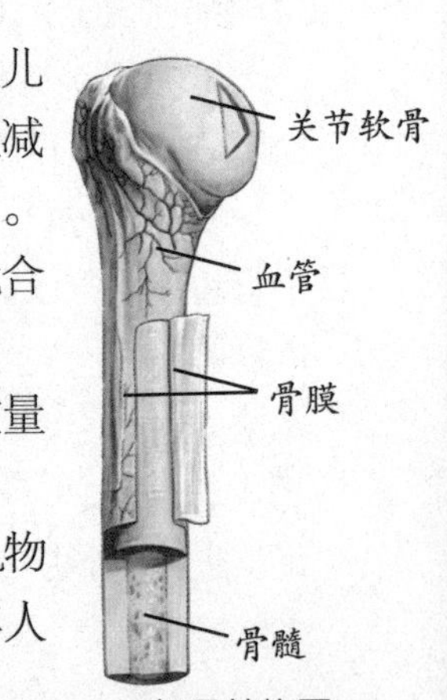

长骨结构图

骨骼的重量也是随着身体的发育而变化的。成年人骨骼的重量约为体重的1/5，刚出生的婴儿骨骼重量大约只有体重的1/7。

骨骼的韧性也随着身体的变化而变化。儿童及少年的骨头有机物的含量比无机物多，所以骨头的柔韧度及可塑性比较高。而老年人的骨头，无机物的含量多，硬度较高，所以容易折断。

第三节 了不起的身体

身体结构精密，分工合理，是人类适应自然的最佳产物。身体还有哪些了不起的地方呢？我们继续了解。

强大的免疫系统

准备战斗吧！当你从母体“脱落”，身体的免疫系统就开始戒备，随时准备保护你的身体。它们自外而内为身体组成了一道道防线。正是因为有了这些英勇的“战士”，我们虽然生活在充斥着无数细菌的环境中，还能健康地活着。现在我们来认识一下组成人体自身免疫系统的三大防线吧。

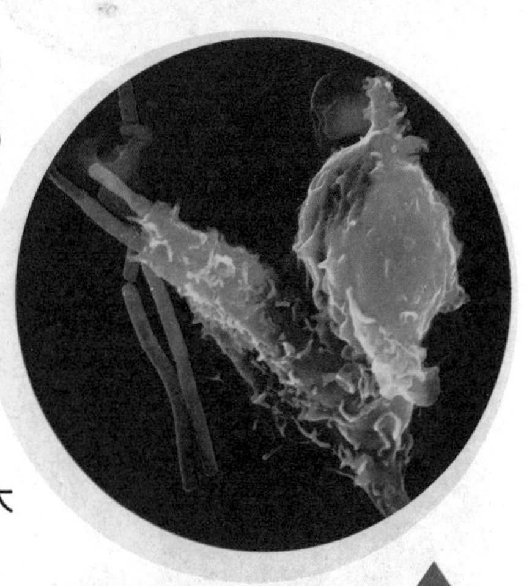

一个中性粒细胞（黄色），吞噬了炭疽热细菌（橙色）

三道防线组成的屏障

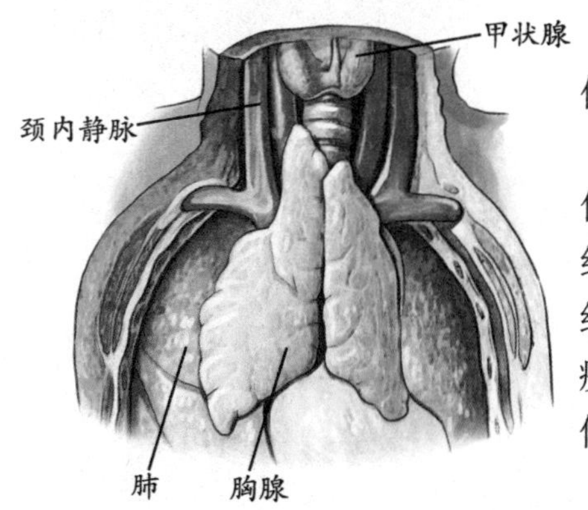

皮肤和黏膜是人体的第一道防线。它们不仅能够阻挡病原体侵入人体，而且它们的分泌物（如乳酸、脂肪酸、胃酸和酶等）还有杀菌的作用。如果病菌突破了第一道防线，第二道防线——体液中的杀菌物质和吞噬细胞，第三道防线——免疫器官（胸腺、淋巴结和脾脏等）和免疫细胞（淋巴细胞等）立刻就开始准备起来。它们以若干活跃的细胞军团为代表，与入侵者展开激烈地战斗。这些活跃的细胞军团就是我们常说的白细胞军团。一旦病原体入侵身体，白细胞就会向它们发起进攻。

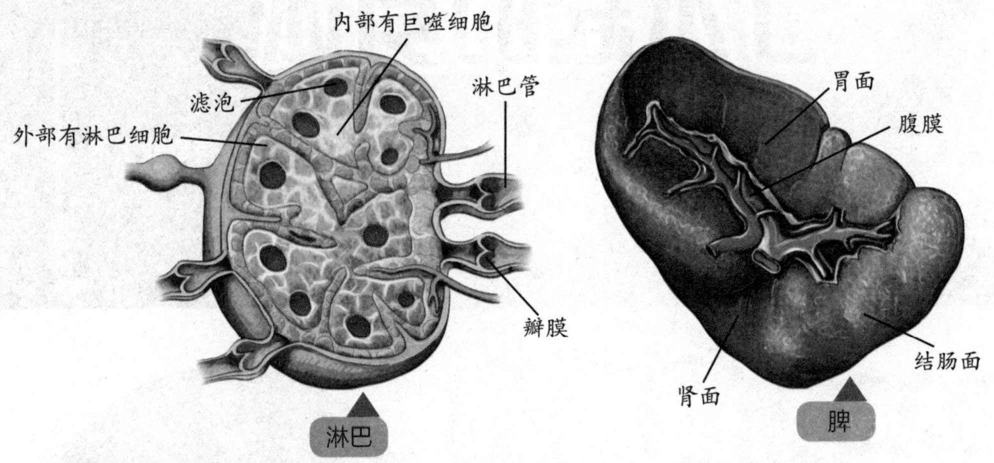

淋巴

脾

进攻的勇士们

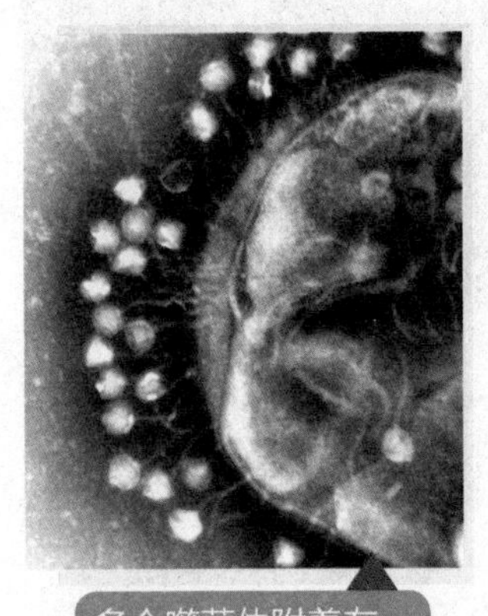

多个噬菌体附着在一个细菌的细胞壁表面

白细胞军团的进攻先锋就是巨噬细胞。巨噬细胞不停地在人体内“巡逻”，一旦发现有危险就立刻上前去吞噬那些细菌，并在战斗的过程中，向身体发出求救信号。这时候，被派来支援巨噬细胞的就是T细胞和B细胞。T细胞负责清理破坏人体内受感染的细胞，而B细胞则产生抗体，向入侵的病原体发起进攻。

1. 病原体 2. 吞噬体 3. 溶酶体 4. 废料 5. 细胞质 6. 细胞膜
巨噬细胞摄取病原体之步骤： a. 透过吞噬细胞摄取病原体，形成一吞噬体 b. 溶酶体融入吞噬体并形成吞解体；病原体被酶分解 c. 废料被排出或同化

B细胞“抗敌”记

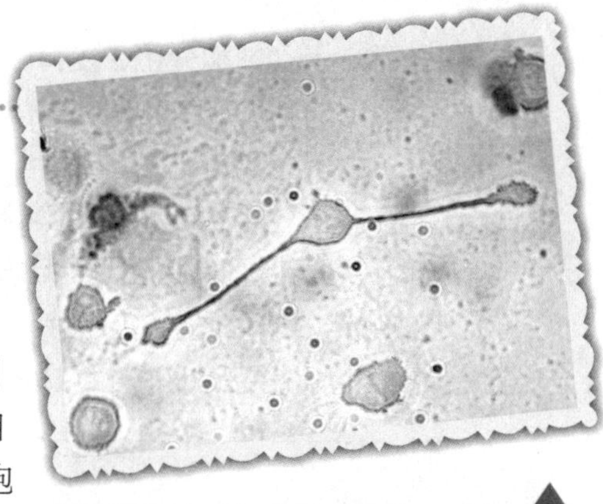

一个位于老鼠体内的巨噬细胞，正在延伸其假足，以吞没两粒可能是病原体的颗粒

B细胞产生的抗体种类有100多万种。当B细胞锁定病原体后就开始大量分裂，当分裂出足够多的B细胞后，大部分就停止分裂，变为血浆细胞。这些血浆细胞可以自由活动，不需要依附B细胞。这些血浆细胞碰到病原体，就立刻随着病原体的形状而改变自己的形状，以便更好地抓住它们，让巨噬细胞来杀死它们。还在继续分裂的B细胞有很好的“记忆力”，一旦发现同样的病原体，它们立即释放出相对应的抗体，所以人体对曾经患过的疾病会有免疫的作用。

进一步了解它们

读到这儿，你是不是感到很新奇？你是不是很感谢我们的白细胞军团？那么你知道它们都是出自哪儿，住在哪儿吗？

首先是我们的骨髓。骨髓是各类血细胞和免疫细胞生成及成熟的场所，也是B细胞分化成熟的场所。

其次，我们可以认识一下神秘的胸腺。胸腺位于胸骨后、心脏的上方，胸腺

黏膜相关淋巴组织

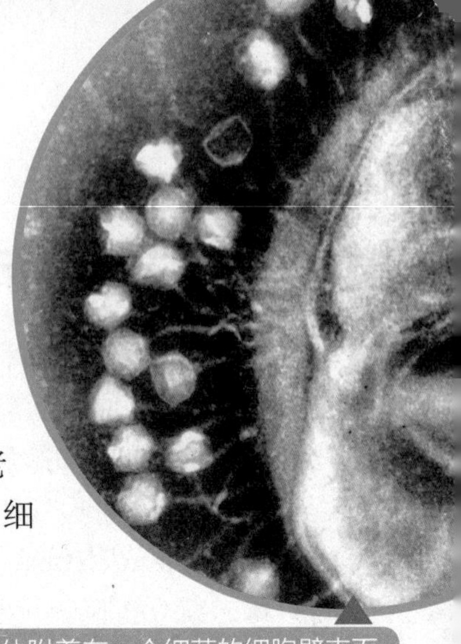

是杀手细胞——T细胞分化、发育和成熟的场所。人胸腺的大小和结构随年龄的不同具有明显的差异。胸腺于胚胎20周发育成熟，是生成最早的免疫器官，到出生时胸腺约重15～20克，以后逐渐增大，至青春期可达30～40克，青春期后，胸腺随年龄增长而逐渐萎缩，到老年时基本被脂肪组织取代，胸腺逐渐萎缩，功能衰退，细胞免疫力下降，对感染和肿瘤的监视功能减低。

多个噬菌体附着在一个细菌的细胞壁表面

“定居地”很广泛

脾和淋巴结也是人体的护卫者。脾是胚胎时期的造血器官，骨髓开始造血后，脾就开始退居二线，演变为人体最大的外周免疫器官。遍布人体的500～600个淋巴结，也是结构完备的外周免疫器官，广泛存在于全身非黏膜部位的淋巴通道上。脾和淋巴结是杀手细胞T细胞和B细胞的定居场所。当免疫系统和病原体作抗争时，淋巴结便会聚集数百万的白细胞去“参战”——这时候它们自身的体积就会膨胀。你就有可能感觉到疼痛。

接种——让“卫士们”如虎添翼

啊！身体的卫士们太伟大了！那么是不是有什么办法让这些卫士更加强大呢？人类已经开始行动了！在200多年前，一项伟大的技术——接种，随着天花的肆虐而推广开来。

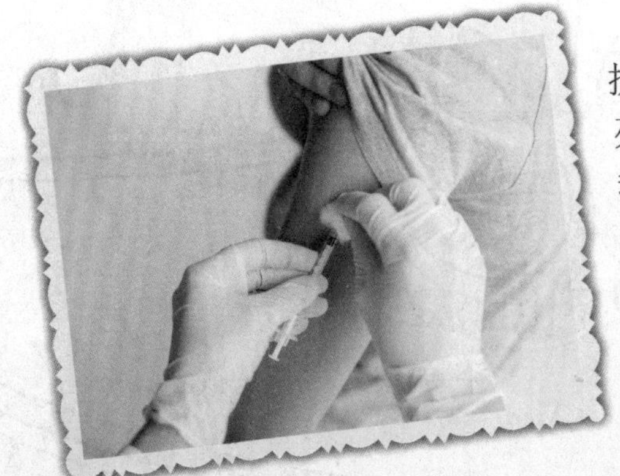

接种是人类从外部注射疫苗使体内产生抗体。疫苗其实也是病毒，但它们或者已经死去，或者被消减了效果，不会致命。但是我们身体的防疫系统却会“误会”，以为身体正在遭遇病毒的进攻，免疫系统会立刻执行消灭病毒的命令，并长期记住这些病毒，因此在今后真正遇到这些病毒时就能快速地将其制伏。

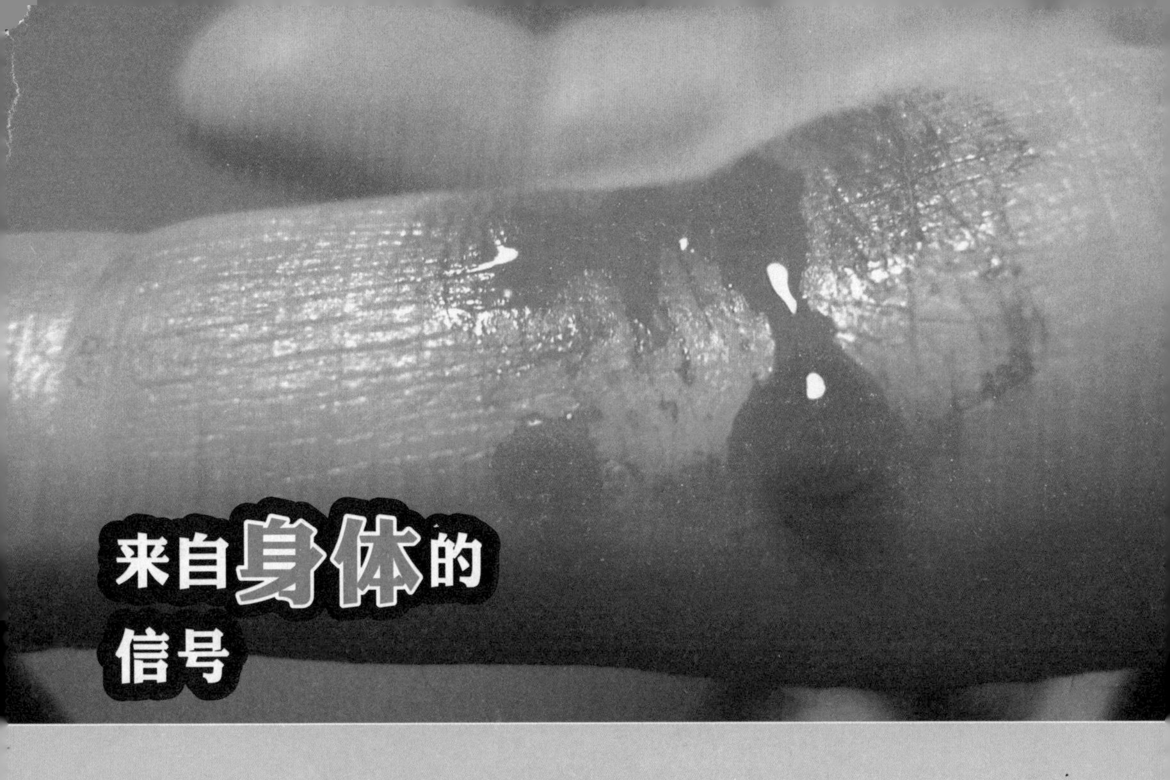

来自身体的信号

你可能不大了解自己的身体，以为它很沉默，其实，你的身体十分活泼。它要是有什么不舒服，立刻就会给你点儿明示和暗示，比如流鼻涕、头疼、发烧……你都读懂了来自于身体的信号了吗？

腿　疼

你经常会感觉到腿疼，还老是在晚上疼，但是你根本不知道为什么疼。虽然疼得不厉害，却总是让你感觉难受极了。你不知道是什么原因，只能大声地喊妈妈。其实，我可得恭喜你了。因为这种疼是身体在告诉你，它正在快速地生长。骨骼生长迅速，而四肢长骨周围的神经、肌腱、肌肉生长相对较慢，因而产生牵拉疼。这种疼痛只是暂时的。

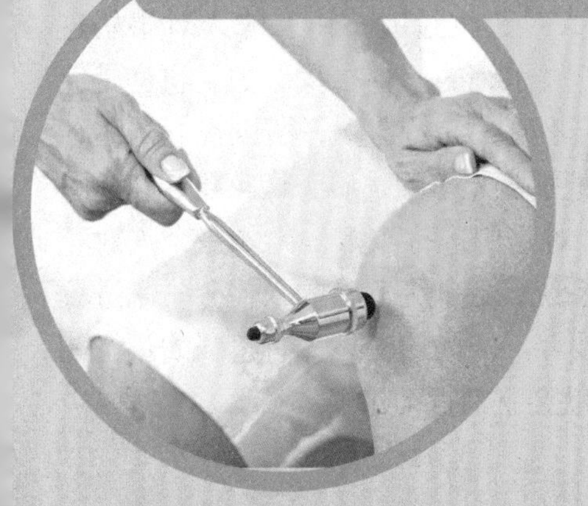

结痂——抗击病菌的“结界”

你是不是见不得身体上有任何一块痂？那玩意儿黑乎乎、脏兮兮，可真是恶心哪！你一定想方设法要把它从身体上清除掉——这是不对的！当你的皮肤被弄伤以后，身体的防御系统就会立刻启动，血液里的各种细胞会形成有黏性的纤维，然后把红细胞和血小板凝结成血块。随着时间的增长，血块会慢慢地变干，最后就结成了痂。这种痂是防御系统为了阻止病菌进一步深入而建立的“结界”，有了这层痂的防护，身体就可以慢慢从伤口边缘一步步地开始修复皮肤。

发烧——和病菌作战“白热化”

很多同学一感冒就很容易发烧，其实发烧是身体的一种暗示，它在告诉你，它正在努力地和病毒作战。体温上升是为了更快更好地调动身体内的白细胞和病毒作战。所以，在发烧的时候，人体免疫功能会明显增强。因此，如果不是高热的话，可以不用立即就医。虽然药物能帮助压制病毒，但是体内的防御系统因为有了外力，就很容易“变懒”，你也更容易生病。

过敏——自我保护“过了头”

过敏这件事情比较奇怪，每个人的过敏源可能不一样。有的人对花粉过敏，有的人对花生过敏，还有的人对牛奶过敏……其实过敏也是身体免疫系统的一种自我保护。也许是免疫系统的敌人太多，它不得不时刻保持警惕，所以提心吊胆，也就出现了判断失误。它会把那些无害的物质，像花粉、花生之类的，看作是细菌或者病毒，对它们进行攻击。比如一个人对花生过敏，一旦他吃进花生，免疫系统就会认为危险的入侵分子来进攻了，于是就会立即戒备，产生抗体进行战斗。因为这些抗体有超强的记忆能力，所以以后只要遇见同类的物质，免疫细胞就会立刻行动起来。

身体使用指导手册
——一天行程安排好

身体需要我们精心地“维护”，只有这样才能使用长久。千万不要过度使用，要知道身体的很多“零件”都是一次性的，坏了就没有办法再使用了。

首先，你要按时起床

当光线照射进屋子，大脑就会感受到那些跳跃在眼皮上的光线，然后立刻作出反应。它会通知你赶紧起床。起床后，你可以喝一杯水，这会让你的身体更快地醒过来，还有利于你早上的排便。早上的排便是必需的。因为经过一晚上的睡眠，你的膀胱可能已经蓄积了400～500毫升的尿液，如果不排出去，对膀胱是一个很大的负担。

然后，你要去洗漱

接下来，你有可能会选择洗一个澡，好把身体上的细菌和汗液去掉。但是最重要的是：你必须刷牙。要知道虽然你的牙齿看起来是整整齐齐的，但是实际上它们却是凹凸不平的。所以食物的残渣和细菌很容易残留在牙齿上。晚上睡觉，唾液分泌较少，不能及时杀灭细菌，这些细菌、残渣和口腔的黏液混合会形成酸，它们会侵蚀牙齿，最后很可能在牙齿上面留个洞。还有，最重要的是，你的嘴巴会变得臭烘烘的。

当然，你要赶紧补充能量

也许你也知道早餐是多么重要，但你往往在匆匆背上书包的那一刻，就忘记吃早餐了。你知道吗？要是不吃早餐，刚刚从睡眠中醒来的脑子还处于虚弱的状态，没有及时补充它需要的能量，它就无法快速而清醒地运转起来，你整个人都很难提起精神。

出门的时候，你要保持身体的温度

当外面比较冷的时候，你需要穿上厚厚的棉衣保暖。因为人体正常的体温在36.3℃～37.2℃之间，过高或过低都是不正常的。当然，你不需要担心如何感知冷暖，你的身体会及时反馈给你，你立即就会感觉到冷、热。

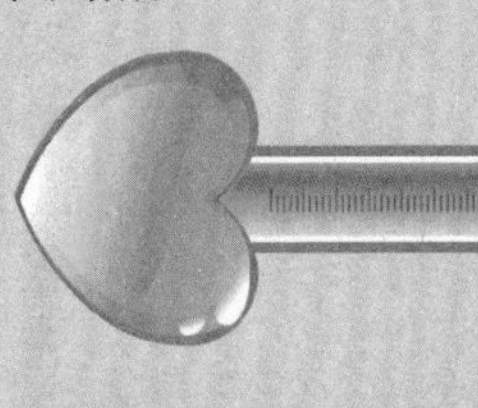

温度计

早餐很重要

出门注意身体温度

中餐、晚餐——及时为身体补充能量

补充能量也有讲究。每人每日的烹调油摄入量在25克为宜，烹调时最好用植物油，因为植物油中对心脏有益的不饱和脂肪酸较多。每天食盐量不宜超过6克，其中还应包括酱油、腌菜、咸蛋等的含盐量。每天吃蔬菜400～500克，蔬菜中含有各种维生素、矿物质、纤维素，热量还很低。每天喝水1500毫升以上，口不渴也要喝水，不要一次大量喝水，应喝白开水或清茶，不要用含糖饮料代替水……还有，千万不要偏食呀！

最后，好好睡一觉

等你忙忙碌碌一天后，感觉自已的眼皮越来越重，还不停地打哈欠，这是你的身体在提醒你，它需要进入“关机”状态——好好睡一觉。进入睡眠状态后，我们的肌肉松弛下来，呼吸和心率放慢，血压下降，体温甚至也下降。

人体所需的睡眠时间是不固定的，婴儿每天需14个小时以上的睡眠，成人需7～8个小时，而老人每天睡6个小时就够了。

食物给身体提供能量

睡眠对身体很重要

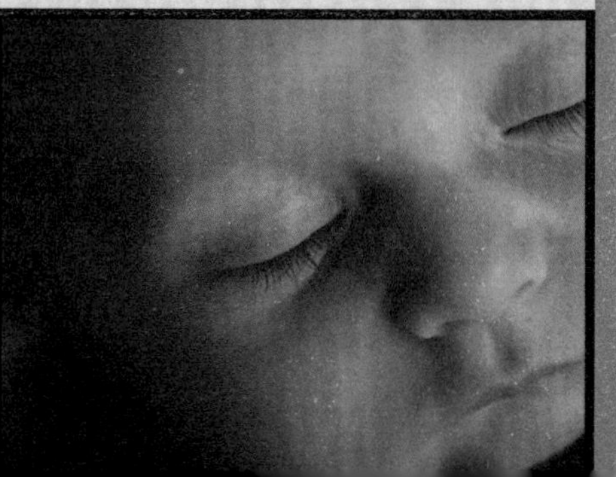

研究室——数字趣说人体

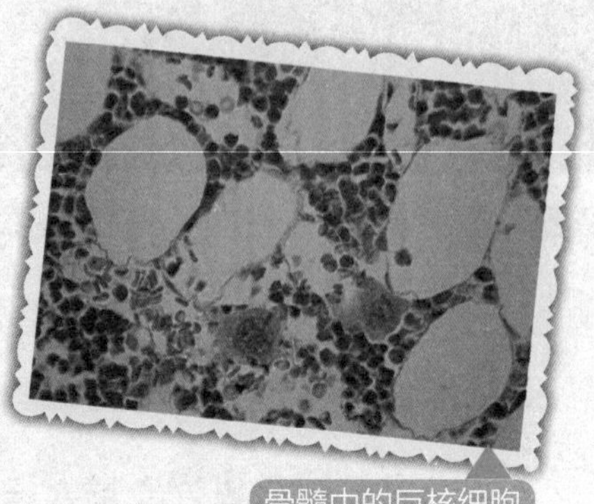
骨髓中的巨核细胞

读完前面的文章，你一定感觉非常了解自己的身体了。真是这样吗？看看这些让你瞠目结舌的数字，你一定会大呼："太神奇了！"

神奇的细胞

大多数细胞的大小是10～30微米，最大的细胞——卵子直径达140微米，最小的细胞是血小板，直径只有约2微米。

最长的神经细胞可以长达1米。DNA是长长的细丝，直径仅0.02微米，一个细胞里所含的DNA长2米，一个人体内的所有DNA连接起来长达12000亿千米。

细胞的寿命各不一样。胃的黏液细胞有2～3天的寿命；红血球大概有4个月的寿命；肝细胞有约5个月的寿命；血管的内皮细胞能存活6个月。

神奇的大脑

人类的脑大致分为大脑、小脑、脑干三部分。大脑约占脑部总重量的80%，表面有无数的沟槽，就是俗称的褶皱，若将褶皱全部展开，面积可达2200平方厘米，大小正好相当于一张报纸。小脑的表面积约为800平方厘米。

科学家认为大脑活动的主要方式是化学反应，在1秒钟内，大脑会发生10万种不同的化学反应。大脑理论上每天能记录8600万条信息，根据神经学家的测量，人脑的神经细胞回路比目前全世界的电话网络复杂1000多倍。

神经细胞

神奇的皮肤

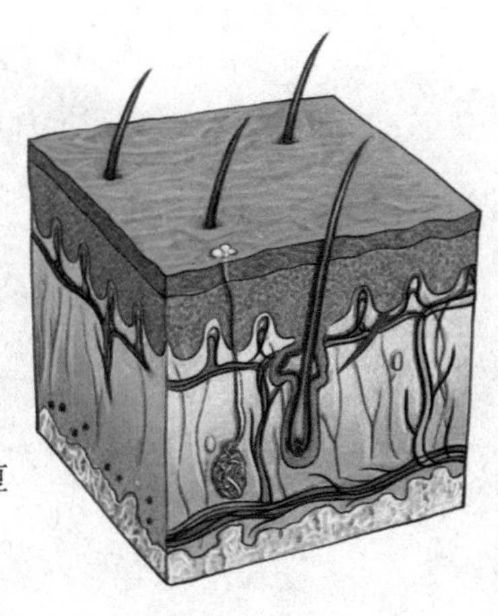

皮肤是人体最大的单一器官，重约2.9千克，一个成人的皮肤合计面积约为1.8平方米，假定每平方厘米的面积上要承受1千克的空气压力，则全身皮肤要经受18000千克的重量，也就是说我们身上负荷了大约10辆汽车的重量而泰然自若。人身体上的皮肤最薄的仅0.5毫米，例如眼皮等；最厚的约4~5毫米，例如手掌、脚跟皮。

神奇的眼睛

我们称极短的时间为“瞬间”，瞬的原意是眼睑上下接触，即“眨眼”。我们一生大概需要眨眼4亿多次，人体所获得的信息，约80%来自视觉，眼睛可以区别800万种颜色。人眼很敏锐，在没有月亮的黑夜，站到高处，可以看到80千米以外燃烧的火柴光。有趣的是，100位女性中会有4个是色盲，而100位男性中则高达8个。

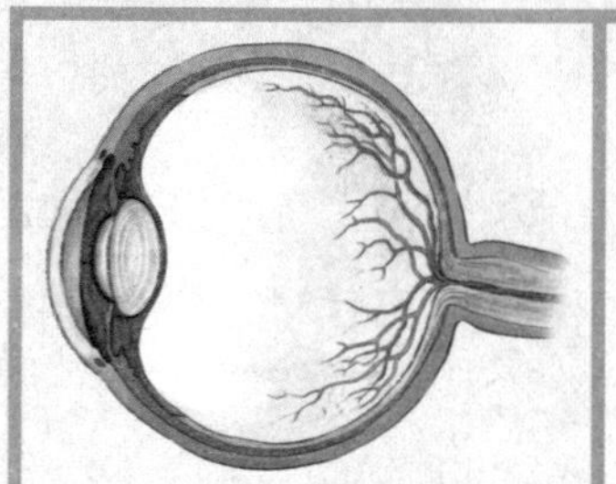

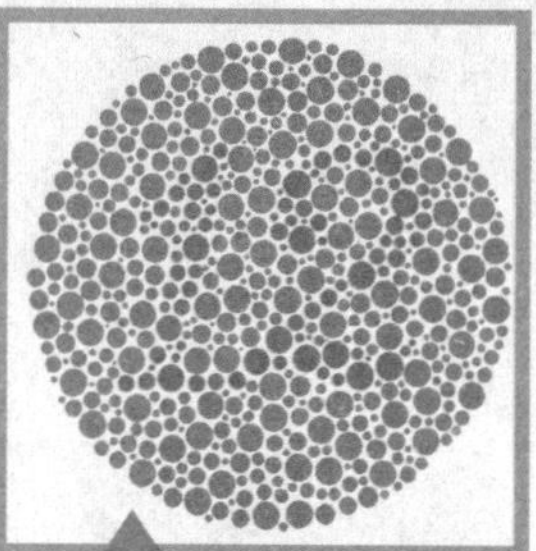

石原氏色盲检测图

神奇的器脏

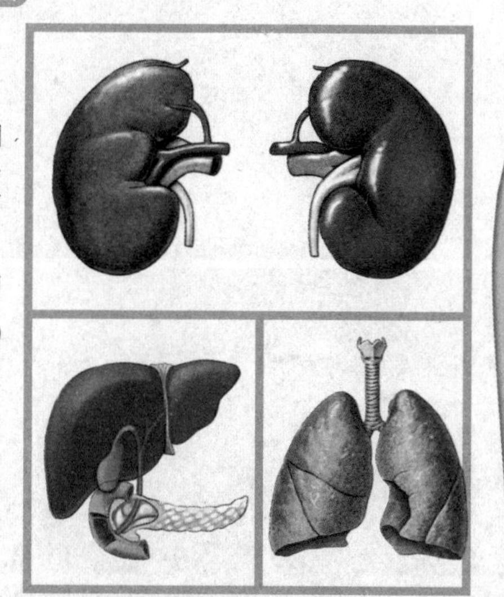

成人的肺在胸腔扩张到最大时，能容纳4公斤半空气；肺的吸收面积约为13万平方厘米，有一间小房子的占地面积那般大。

如果人的一生能活到80岁，心脏将跳动约30亿次。重约300克的心脏通过总长约为20万千米的血管系统向全身输送血液。

人体的肾脏每天要让300升液体通过自身，在“过滤”这些流体的过程中通常要排出约2升尿液，一年的排泄量有700多升。

微生物，大世界

微生物？这是什么东西？你可能还不太了解，不过没关系，接下来你一定会大开眼界。因为微生物的世界比你想象的更加精彩。

第一节 无处不在的微生物

大体上形体微小的生物都属于微生物，一般大小都在10~100微米（1微米就是一百万分之一米）。你看不到它们，并不代表它们数量稀少，相反，如果只是以数量来论地位的话，微生物绝对是世界的主宰。

微生物家庭的集体亮相

无处不在的微生物

人体中大约生存着200种微生物，其中约80种生活在人的口腔里。我们的身体就像一座微生物工厂，每天都会生产出1000亿~100万亿个细菌，在每平方厘米肠子的表面就生活着约100亿个微生物，而在每平方厘米皮肤的表面生活着1000万个细菌，在人的牙齿、咽喉和消化道里细菌的数量最多，数量超过皮肤表面的1000倍。当你吃东西的时候，微生物就欢快地进入你的嘴巴了。

乳酸杆菌

微生物的分类

现在我们就来认识一下它们吧！

1990年，科学家开始根据生物的基因区分生命体。最终地球上所有的生命体

被分为了3大领域。也许在你看来，这有点儿少。但是这种分类，确实是已知的较为明智的分法。这3大领域就是真细菌域、古细菌域和真核生物域。

细菌域包括细菌、放线菌、蓝细菌和各种除古菌以外的其他原核生物，我们平常所见到的细菌基本属于真细菌域，如大肠杆菌、乳酸菌等。

古细菌被认为是一些可生活于极严酷环境中的细菌，如在温泉水中，酸、碱性极高的水中，或是矿井中，在海水中古细菌亦分布甚广。

古细菌域和真细菌域的生物，基本都没有细胞核，和它们正好相反的就是真核生物域的生物，它们是有细胞核的生命体。动物、植物等都是真核生物。但真核生物域也包含一部分微生物，如原生生物和真菌。

有些同学要举手了。病毒算是微生物吗？它也很小呢。病毒这玩意儿还真不好说。它的确很小，有时候看起来也不太像生物，所以科学家有时候会为它到底应该不应该成为微生物这一家族的成员而头疼。不管怎样，现在还没有盖棺定论，我们暂且只能把它算作微生物。我们必须要清醒地认识这个危险分子，好在日后更好地防备它。

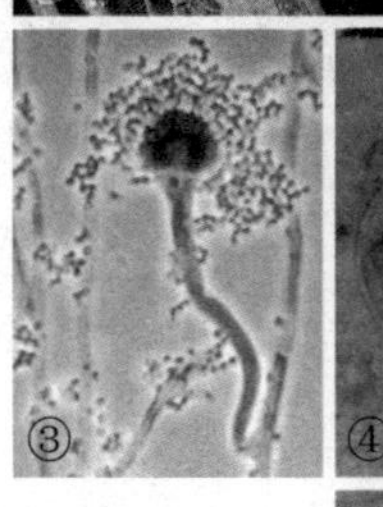

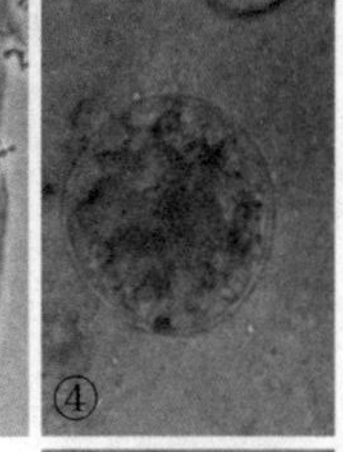

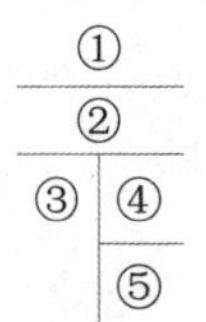

① 毒蝇伞，担子菌门

② 肉杯菌，子囊菌门

③ 黑面包霉，接合菌门

④ 一种壶菌

⑤ 一种曲霉属的分生孢子

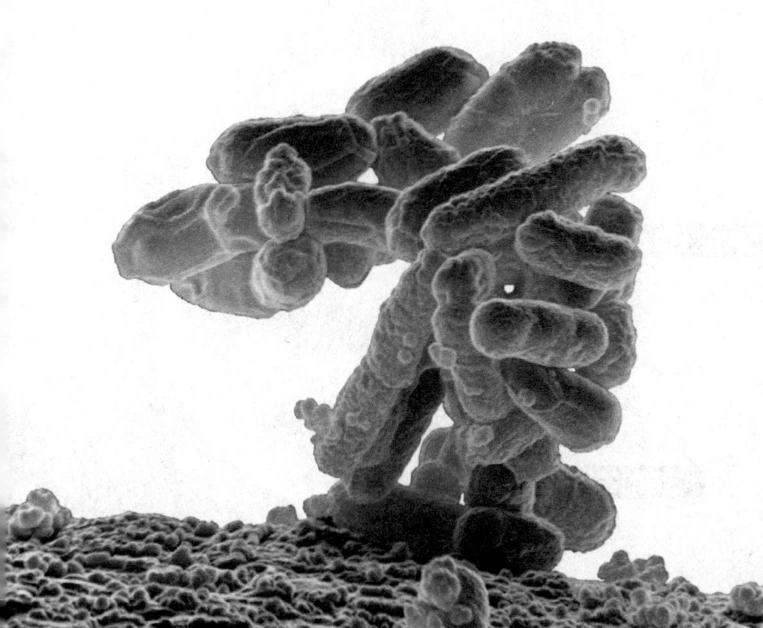

细菌的家族不简单

瞧，细菌就在那儿

细菌是非常古老的生物，大约出现于37亿年前。细菌是所有生物中数量最多的一类。

细菌无处不在，它们存在于人类呼吸的空气中、喝的水中、吃的食物中。细菌可以被气流从一个地方带到另一个地方。人体是大量细菌的栖息地，皮肤表面、肠道、口腔、鼻子和其他身体部位都能找到细菌。一个喷嚏中可能就含有2000～4000万个细菌。

细菌的个头儿非常小，目前已知的最小的细菌只有0.2微米长。细菌的长相各不一样。杆菌是棒状，球菌是球形，螺旋菌是螺旋形，弧菌是逗号形……不过大多数细菌是前三种形态。

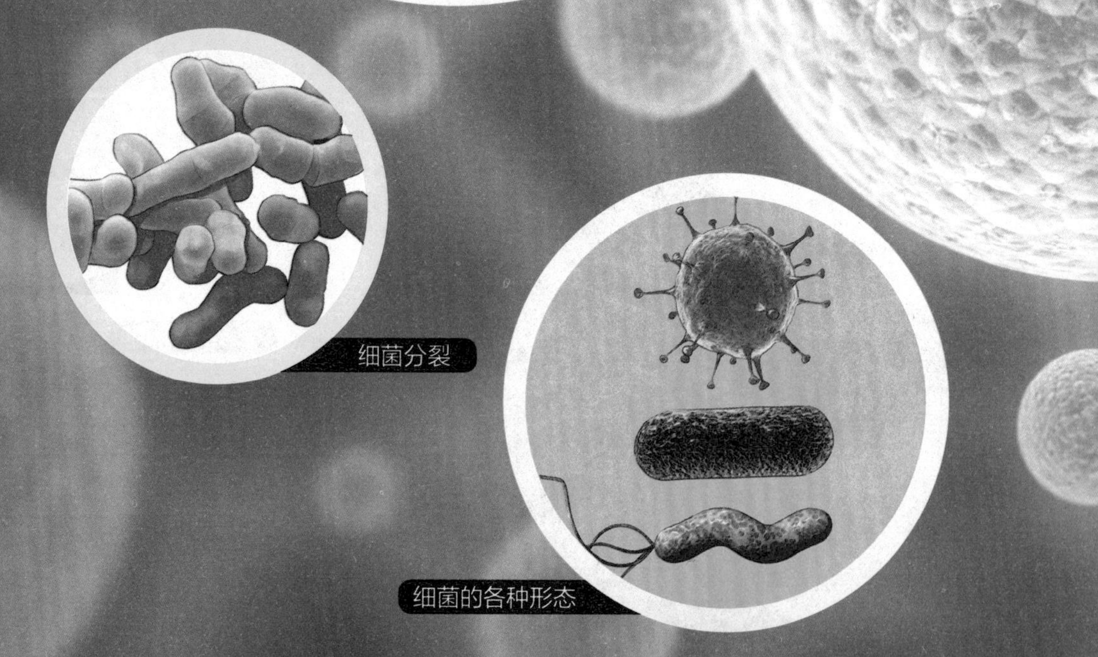

细菌分裂

细菌的各种形态

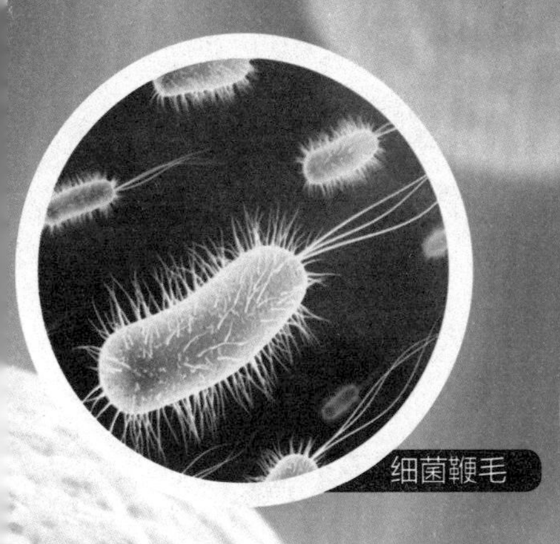
细菌鞭毛

细菌的运动

就像鱼能在大海中游一样，细菌也能在我们体内遨游。这听起来让人毛骨悚然，但是许多细菌的确是会运动的。运动型细菌可以依靠鞭毛滑行或改变浮力来四处移动。细菌的鞭毛以不同方式排布着，细菌一端可以有单独的极鞭毛，或者一丛鞭毛。运动型的细菌，经常会呼朋唤友，聚集在一起，当然前提是要有足够的诱惑，比如说它们喜欢光，就会聚集在有光的地方，喜欢磁就会聚集到磁力强的地方。尤其是黏细菌，它们会互相吸引，聚集成团，并且还能形成子实体。这些是不是很有意思？

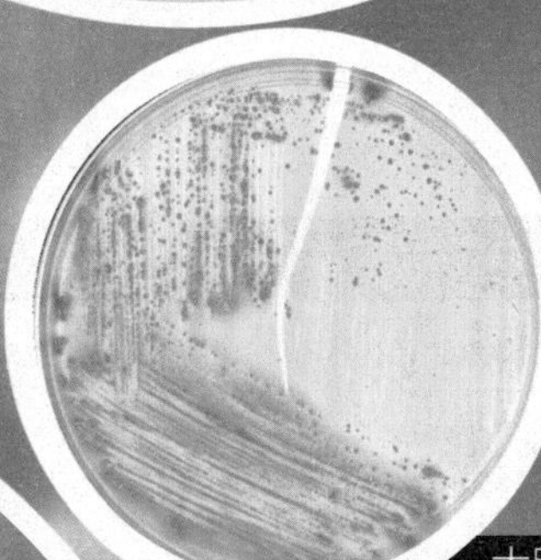
大肠杆菌

细菌家族繁殖的方式

细菌最主要的繁殖方式是以二分裂法进行无性繁殖，由单个细菌慢慢转变为一大群。细菌的细胞壁首先横向进行分裂，形成两个细胞，在分裂的同时，也会让基因得到遗传。这样就能够很快地复制出一个新的细菌，然后新的细菌又继续分裂，在温度、湿度、空气、营养等适宜的环境中，细菌会快速地繁殖，甚至形成肉眼可见的集合体。

细菌的繁殖可比人类快多了。要是人类也是这样繁殖……你可千万不要这样想，那太可怕了，如果人类的这样繁殖，我们的地球妈妈早就装不下我们了。

微信扫一扫
一起去探索
奇妙的科学世界

病毒，请报上你的名号

蒙着面纱的病毒

病毒是什么东西？现在科学家也没有办法告诉你一个准确的答案。虽然它被我们放在微生物这一大家族里，但是严格意义上来讲，它应该被“踢”出这个家族。因为，病毒并不是真正的生命体。之所以这样判定，是因为病毒不是通过维持生命所必须的蛋白质来存活的，它必须依附其他物质来延续自己的生命，否则它就无法生存。然而，它也具有生命的其他特点——具有基因、能繁殖！

病毒的起源目前尚不清楚，它什么时候有，为什么会有，科学家尚未有定论。不同的病毒可能起源于不同的机制：部分病毒可能起源于质粒，而其他一些则可能起源于细菌。总而言之，关于病毒的一切信息，现在似乎都还蒙着一层面纱，还有很多人类无法解开的谜团。

形态各异的病毒

病毒的形态并不一样，有简单的螺旋形，也有正二十面体形，还有复合型，虽然这些奇怪的形状或许会引起你的注意，但是相信我，你是一定不会愿意和病毒友好交谈的。首先，它的个头儿太小，你的眼睛压根儿就看不见它，病毒颗粒大约是细菌大小的1/100，普通的光学显微镜根本观察不到它，这也是它很晚才被人类发现的原因之一。其次，病毒可不是什么好东西。它总是依附于细胞，并通过细胞的分裂而进行繁衍，大部分对人类杀伤性较强的疾病，都有病毒的“贡献”，比如说伤风、流感、水痘等一般性疾病，以及天花、艾滋病、SARS和禽流感等严重疾病。

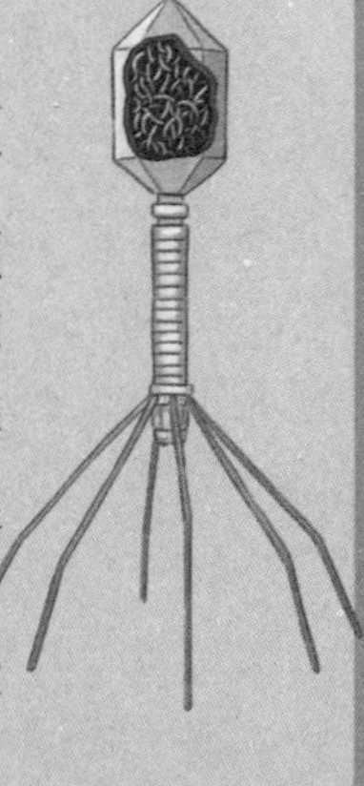

病毒真可怕

虽然病毒个头儿很小，但是你不要小瞧了它！它的破坏能力一定会让你叹为观止：病毒可以感染所有具有细胞的生命体。这句话的意思是病毒能在世界上所有的人之间传播，病毒能在世界上所有的动物身上传播，病毒能在一切拥有生命的物质之间传播……

病毒的"本领"是不是让你害怕不已，但是病毒还是有点儿"职业道德"的——不同病毒作用于不同的机体，患病的不同主要取决于病毒的种类。因为自身没办法单独存活，所以病毒必须寄宿在细胞内，它主要的破坏作用是导致细胞裂解，从而引起细胞死亡。不过，你也不需要整日提心吊胆，有些病毒即使潜伏在你的体内，也不一定会对你的身体有害。

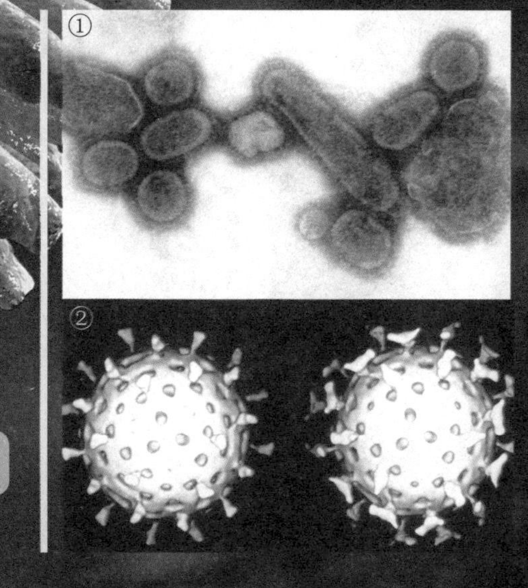

① 构的西班牙流感病毒

② 两个轮状病毒

人类的老朋友——真菌

真菌是个老熟人

真菌？这个名字真陌生，它怎么会是我们的老熟人呢？

千万不要怀疑，真菌就是我们的好朋友。你经常看见它的身影，你也经常会吃掉它。吃掉真菌？那我们会不会生病？放心吧，你吃掉的真菌可是对你的身体有好处呢，比如说蘑菇。

你一定又要开始纳闷儿了！蘑菇，可爱的蘑菇？它那么大，怎么是微生物？怎么是真菌？千真万确，蘑菇就是真菌的一种，虽然它的个头儿有点儿大。还有你常吃的银耳、金针菇等也是真菌。

营养丰富的竹荪也是一种真菌

真菌的本色

真菌是真核生物的一种，真核生物是具有细胞核的单细胞生物和多细胞生物的总称。真菌包含酵母、霉菌及最为人熟知的菇类等。真菌自成一界，与植物、动物和细菌相区别。真菌和其他三种生物最大的不同之处在于，真菌的细胞有以甲壳素为主要成分的细胞壁，而植物的细胞壁主要是由纤维素组成。

真菌不能进行光合作用，它是通过腐化并吸收周围物质来获取食物的。大多数真菌是由被称为菌丝的微型构造构成的，这些菌丝或许不被视为细胞，却有着真核生物的细胞核，成熟的个体（如最为人熟悉的蕈）是它们的生殖器官。

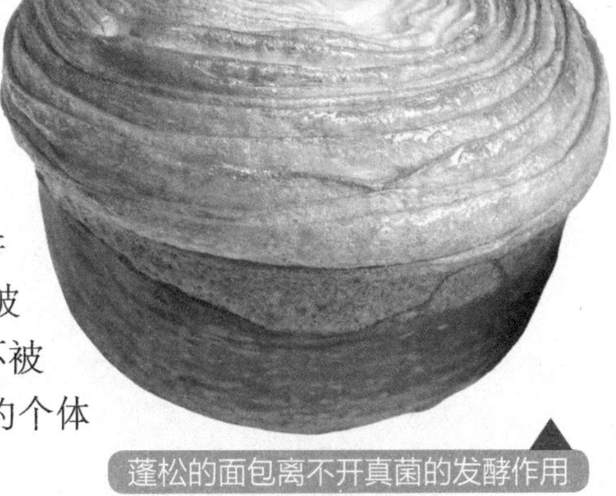

蓬松的面包离不开真菌的发酵作用

真菌的“好”

在各种微生物中，真菌是和人类接触很密切的一种。真菌遍及全世界，虽然其大部分都很低调，个头儿较小（部分菇类及霉菌可能会在结成孢子时变得较显眼），而且还会覆以保护色生活在土壤内、腐质上，或者与植物、动物及其他真菌共生。真菌被用在食物中，不仅可以作为原材料被端上餐桌，也能够发酵各种食品（如葡萄酒、啤酒及面包）。

真菌能很好地分解有机物，能加快养分的循环。因为真菌的这个功能，它又开始从人类的餐桌走向了工业。真菌能被制作成各种酵素，酵素是维持机体正常功能、消化食物、修复组织等生命活动的一种必需物质。真菌还能被当作生物农药，用来抑制杂草、植物疾病及害虫。20世纪40年代后，真菌亦被用来制造抗生素。

霉菌

真菌的“坏”

看了前面的内容，你千万不要被迷惑了，真菌可不像古细菌那么无害。真菌可以分解人造的物质，并使人类及其他动物致病，它是一些皮肤病的病原菌，如脚气病等。它也会让植物生病，如稻瘟病菌，可以引起苗瘟、节瘟和粒瘟等。

真菌中的许多物种会产生有生物活性的物质，称为霉菌毒素（如生物碱和聚酮），会对包括人类在内的动物造成伤害。一些物种的孢子含有精神药物的成分，被用在娱乐及古代的宗教仪式上。

① 褐环乳牛肝菌的子实层伴有亮黄色的气孔

② 灵芝也是真菌

你知道吗——世界上最大的“蘑菇”

在美国俄勒冈州，蘑菇的一个“近亲”的体积超乎想象：占地890公顷，相当于1000个标准足球场！这个学名为奥氏蜜环菌（Armillaria ostoyae）的巨型真菌是在1998年被发现的，科学家猜测，它的实际年龄可能有8650岁，它是地球上年龄最大的生物之一。

菇类是常见的真菌

第二节 微生物代言人

人类的品牌代言已经影响到了微生物界，许多微生物纷纷起来发言，它们都觉得自己才是微生物界的代言人，下面它们要出场了！

细菌域的明星们

观测大肠杆菌

身体的常住客——大肠杆菌

你们也许对大肠杆菌不熟悉，但是大肠杆菌对你们很熟悉，在婴儿刚出生的几小时内，大肠杆菌就通过吞咽在肠道内定居了。它因为寄住在大肠内而得名，因为数量众多（其占据了肠道菌的1%）而称霸肠道。大肠杆菌两头钝圆，结构非常简单，长相虽然不起眼儿，但是对人类的作用却不容忽视，它能合成维生素B和维生素K，这是人类生命发展所必需的微量元素。

正常情况下，大多数大肠杆菌是非常安分守己的，它们不但不会给我们的身体健康带来任何危害，还能抵御部分致病菌的进攻。但是，如果你的身体免疫力降低，肠道长期缺乏刺激，这些小家伙就会不老实，它们会悄悄地移动到肠道以外的地方，如胆囊、尿道、膀胱、阑尾等地，造成相应部位的感染或全身播散性感染，给人类的身体造成非常大的危害。

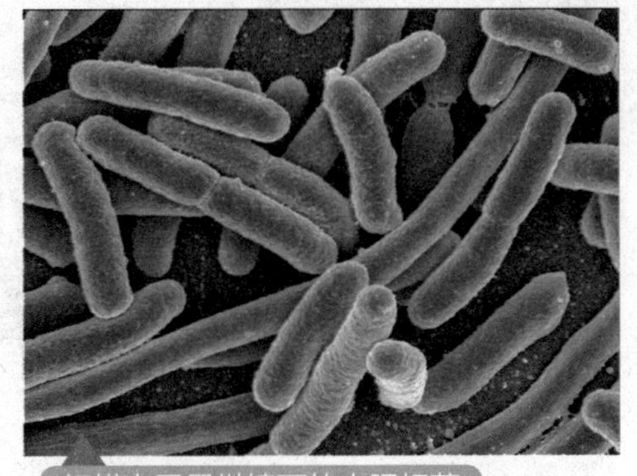
扫描电子显微镜下的大肠杆菌

最大的细菌——纳米比亚硫磺珍珠菌

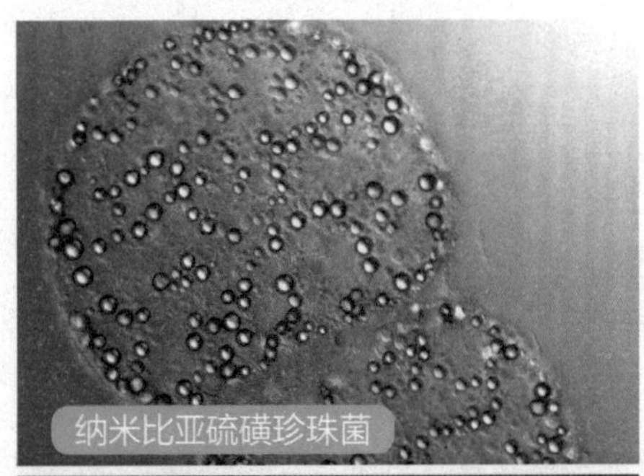
纳米比亚硫磺珍珠菌

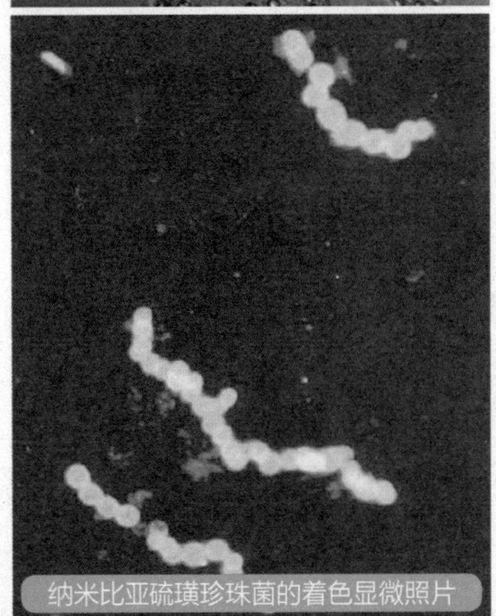
纳米比亚硫璜珍珠菌的着色显微照片

德国的生物学家舒尔斯在纳米比亚海岸的沉积物中看到了一种因为含硫而会发光的细菌，并给它取名为“纳米比亚硫磺珍珠”。当然，如果你们细心的话，一定会指出我的错误——不能说“看到”，应该是用显微镜观察到。但是，不好意思，这次我可没有说错。舒尔斯确确实实是看到了这种细菌，用自己的双眼。它们是目前已知的世界上最大的细菌。这种细菌呈球形，宽度普遍有0.1～0.3毫米，有些可大至0.75毫米，比以前所知的最大细菌大100倍。科学家们称：如果把它们和普通的细菌相比，就好像把蓝鲸和新生老鼠的个头儿相比较一样。

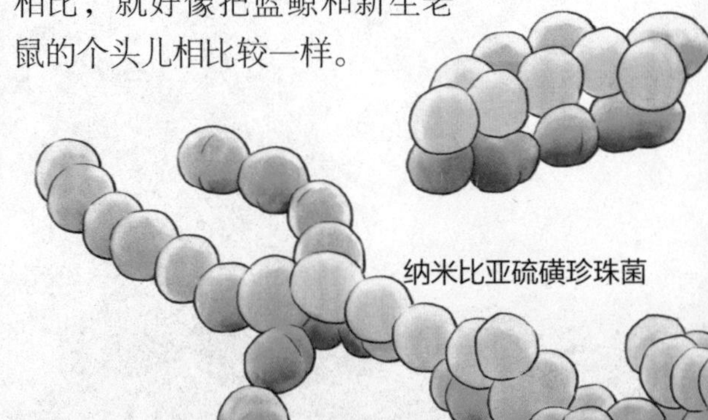
纳米比亚硫磺珍珠菌

可爱可恨的蓝细菌

“蓝细菌”这个名词听起来似乎很陌生，实际上它还有另外的名字——蓝藻或蓝绿藻，这些名字你一定很熟悉。人类对蓝细菌的感情很特殊，既爱又恨。

人类爱蓝细菌，这是因为它特殊的本领——通过光合作用获得生命的能量。蓝细菌已经存在于地球上35亿年了，它是一切生命的功臣，因为它是目前人类发现的最早的通过光合作用释放氧气的生物。在地球表面从无氧的大气环境变为有氧的大气环境这一重大改变中，蓝细菌无疑起了巨大的作用。

人们恨蓝细菌，是因为它常常给人类带来困扰。当水被污染后，里面氮磷等营养物质增多，蓝细菌或其他藻类就会大量爆发，当它们数量过多后，水里的营养成分会很快被吸收掉。接着这些细菌又会大量死亡，当死亡的藻类被分解时，会上升至水面而形成一层绿（蓝）色的黏质物。这种现象我们叫“水华”。“水华”会让饮用水受到污染，对人体危害非常大。

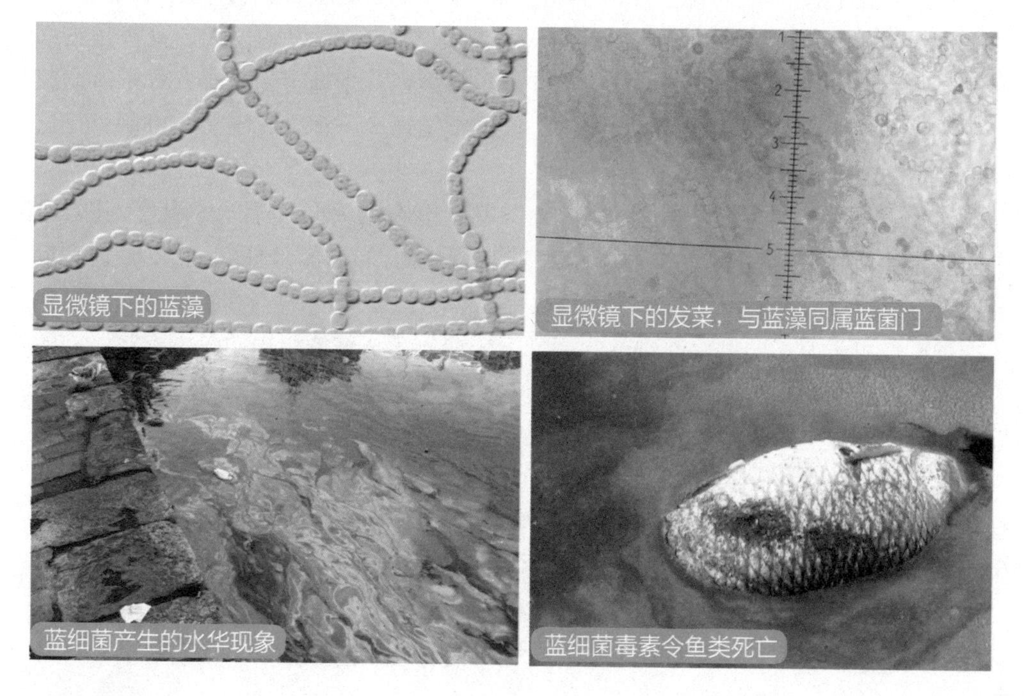

显微镜下的蓝藻

显微镜下的发菜，与蓝藻同属蓝菌门

蓝细菌产生的水华现象

蓝细菌毒素令鱼类死亡

古细菌域的代表们进场了

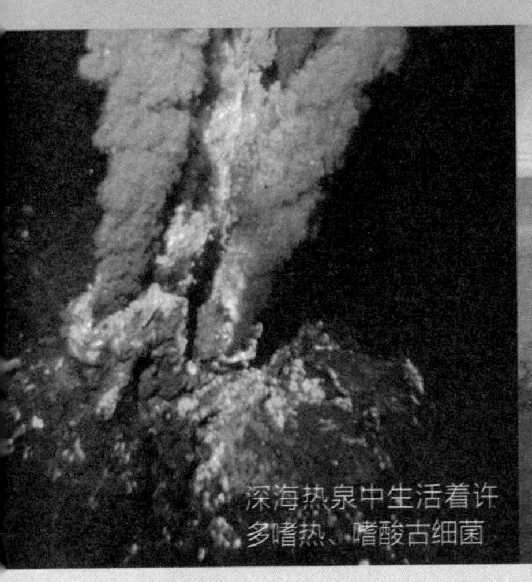

深海热泉中生活着许多嗜热、嗜酸古细菌

这些地方是古细菌的天堂

热乎乎的、酸酸的我最爱——嗜热、嗜酸古细菌

你知道世界上有一种神奇的生命吗？它们最爱热乎乎的地方，长年生活在温泉里。它们所能承受的温度范围跨度也很广，在45～122℃。有这种爱好的，大部分都是古细菌。要想去探访它们一番，那你得先作好隔热准备！告诉你几个地方，在那儿你很容易找到它们：黄石公园的热泉、深海的热泉喷发口、火山喷发口……你瞧，嗜热古细菌就是这么喜欢冒险的生活。

2003年发现的一种古菌——“菌株121”甚至能在和灭菌锅相同的温度，即121℃下“快乐”地生活，并且在24个小时内，细胞数目翻倍。当温度降低到103℃时，它们竟然已经冷得再也没有能力繁殖了。

不过，你可千万不要偷偷向嗜热古菌学习，要知道，你的蛋白质是没有这么强的稳定性的，因此，你无法在高温环境中保持稳定的结构！要是温度太高了，蛋白质就会分解，后果就是……你一定能想象得到。

再告诉你一个秘密：很多嗜热古细菌还能耐得住酸！它们能生活在PH值极低的环境中，如火山地区的酸性热水中。它们能把硫进行氧化，产生的物质就是硫酸。

你是不是很佩服这些古细菌呢？它们受得住热、耐得住酸，还能忍受别人对它们的忽视……你可要好好记住可爱的古细菌哟！

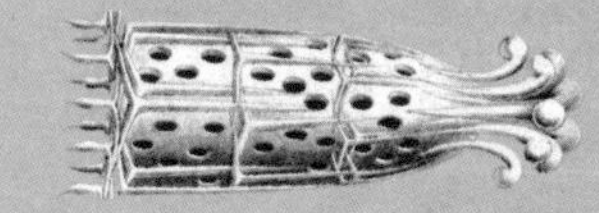

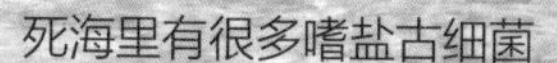

死海里有很多嗜盐古细菌

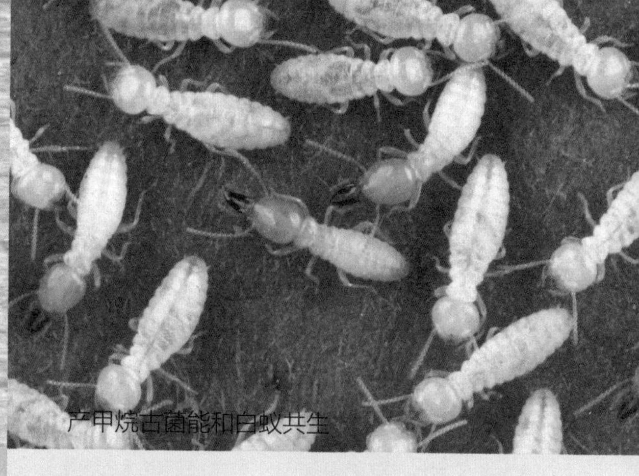

产甲烷古菌能和白蚁共生

再咸我也不怕——嗜盐古细菌

奶奶或许告诉过你高浓度的盐水能杀灭细菌。的确，很多微生物是不能生存在高盐度的环境中的，因为高浓度的盐水会使它们的细胞脱水，从而死亡。但是，这绝对不包括我们的嗜盐古细菌！嗜盐古细菌能在极端高盐度的环境中生长和繁殖，特别是在天然的盐湖和太阳蒸发盐池中。生活在南极洲的嗜盐古细菌就是典型的代表。它们生活在南极洲的咸水湖中，身体表面形成了水化膜，能抵抗高盐和干燥的环境带来的侵害。忘了说，死海中也有嗜盐古细菌哟！

氧气什么的，我不稀罕——产甲烷古菌

产甲烷古菌是迄今为止所知的最严格厌氧的、能形成甲烷的化能自养或化能异养的古菌群。这话有点儿绕口，简单点儿讲，在我们目前所知的微生物中，产甲烷古菌是最不依赖氧气的。即使没有氧气，它也能欢快地生长。因为它自己可利用氢气使二氧化碳、甲酸、甲醇等化合物产生甲烷，并释放能量。它神奇得出乎你的意料了吧！

因为这一神奇的功能，产甲烷古菌能和其他生物，如白蚁、纤毛虫等进行相互帮助。产甲烷古菌居住在这些生命体内，"房租"呢，就以帮助它们消化而抵消了。

不甘示弱的真菌

微生物中的大个头儿——蕈菌

在一般情况下，大家又称蕈菌为蘑菇。虽然可爱的蘑菇们在很长一段时间内，被人们误认为是植物，但是从生物构造上来讲，它们可远没有植物那么高级。它们是真菌形成的形状、大小和颜色各异的大型肉质子实体。

现在，我们来简单地介绍一朵蘑菇：首先，你看到的是上面的盖子——这就是常说的菌盖。菌盖的形状各不相同，常见的有半球形、扇形、钟形、圆锥形、漏斗形等。菌盖表面有的光滑；有的有皱纹、条纹或龟裂；有的干燥；有的湿润或黏滑。菌盖由表皮和菌肉组成。表皮依次可分为外皮层、盖皮及下皮层。菌肉大多数为白色，由生殖菌丝和联结菌丝组成。菌盖下方的片状结构呈放射状排列，是产生孢子的场所。然后是下面

的菌柄，它们能支撑住菌盖并为其输送养分。菌柄大多生于菌盖上，也有偏生或侧生的。

我们常吃的蕈菌有双孢蘑菇、木耳、银耳、香菇、平菇、草菇、金针菇和竹荪、杏鲍菇、珍香红菇、柳松菇、茶树菇、阿魏菇和真姬菇等。人们常说的救命良药——灵芝，也是一种蕈菌。

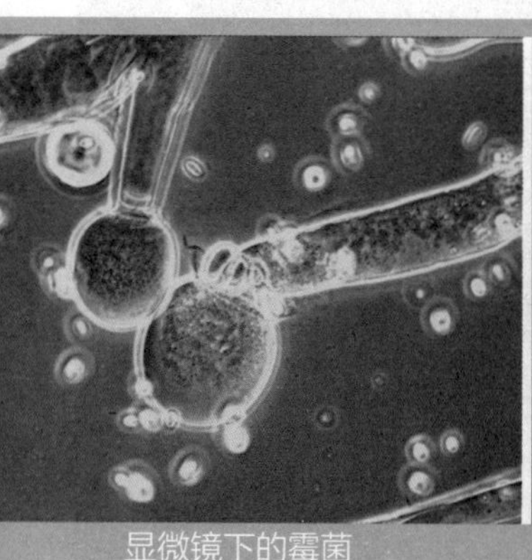

显微镜下的霉菌

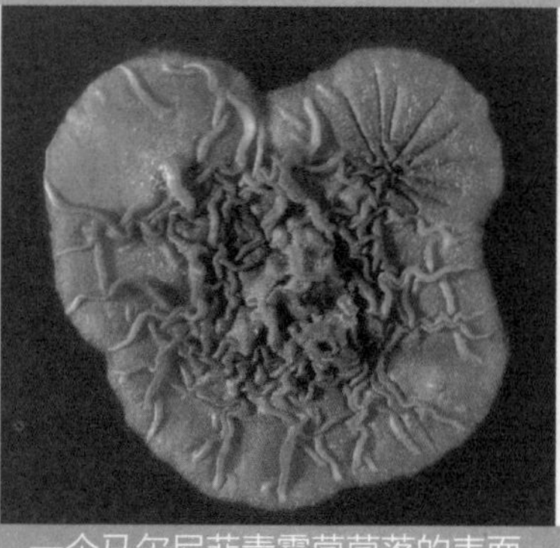

一个马尔尼菲青霉菌菌落的表面

霉菌引发油桃发霉

真可惜我们有个不好听的名字——霉菌

也许是因为名字中带了个“霉”，所以霉菌就真的有点儿倒霉了。因为只要听到这个名字，人们就会有很不好的联想——黄黄的、黑黑的、会发出异味的脏东西！确实，如果你家里的饭菜发霉了，那就是霉菌在作怪。
不过，霉菌给人类带来的益处也不少。

人类最早发现的抗生素——盘尼西林，是由青霉菌制造的。它就是利用青霉菌在繁殖时会大量杀死身边细菌的原理制作成的。盘尼西林的发现，改变了人类和传染病殊死搏斗的历史，你永远也无法想象出青霉菌救助了多少生命。

一些霉菌也用于食物的生产，例如：蓝起司是起司发酵后加入青霉菌制成的；酱油、豆瓣、豆豉和味噌等需要米曲菌发酵；红糟、豆腐乳和红露酒等则是由红曲菌发酵制造的；发酵臭豆腐的臭卤水

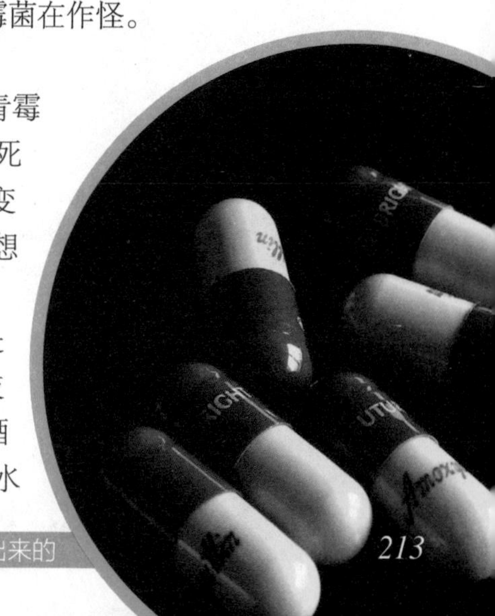

阿莫西林是一种青霉素，是从青霉菌中提炼出来的

也含有多种霉菌。

好了，现在可以抛弃你们的偏见，来正式认识一下霉菌了。霉菌是能生出发达菌丝且不产生大型肉质子实体的丝状真菌的统称。一旦霉菌在食物等物品上面生根发芽后，部分菌丝就会深入其中吸收养料，部分向空中伸展出菌丝，菌丝快速发展，然后产生孢子。大量菌丝交织成绒毛状、絮状或网状等，呈现出白色、褐色和灰色等。

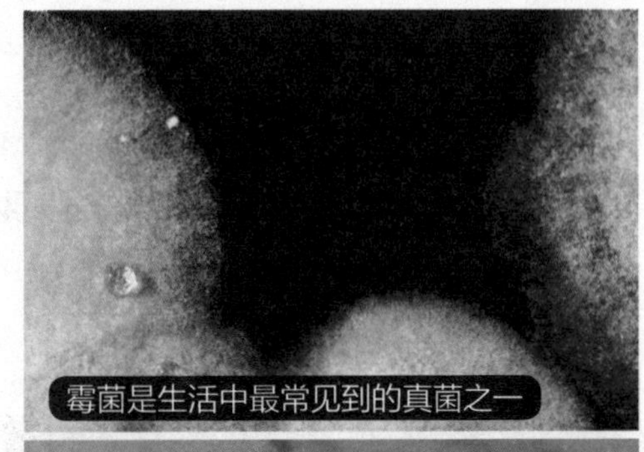
霉菌是生活中最常见到的真菌之一

霉菌在我们的生活中无处不在，它比较青睐于温暖潮湿的环境，一有合适的条件霉菌就会大量繁殖。霉菌无孔不入，所以如果你不想在你的衣服、吃的东西、玩具上看到霉菌，就一定要讲究卫生，并保持物体的干燥。

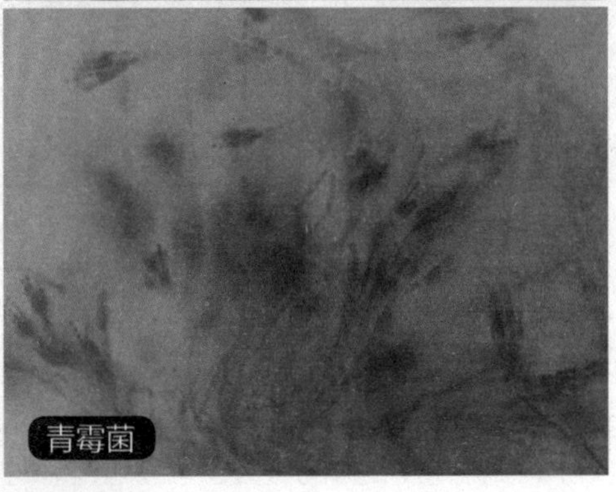
青霉菌

豆腐乳是由红曲菌发酵制成的

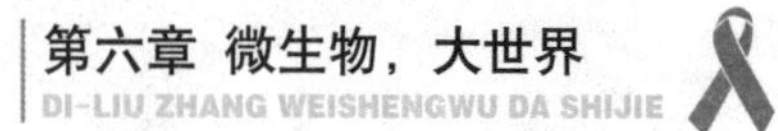

人类的好帮手——酵母菌

我们几乎每天都会和酵母菌打交道，不可否认，在我们的生活中，它们简直无处不在。早晨，你吃块面包、蛋糕或者来几片饼干，许多酵母菌就进入了你的肚子。不要惊慌，它们不会对你有任何伤害。早在4000年前，古埃及人已经开始利用酵母酿酒与制作面包了，中国人3500年前就开始利用酵母酿造米酒了，而酵母被用于馒头、饼等的制作开始于汉朝时期。

酵母菌大多生活在潮湿且富含糖分的物体表层，例如果皮表层、土壤、植物表面和植物分泌物（如仙人掌的汁）中。此外，有研究发现，酵母菌还能寄生于人类身体上与一些昆虫的肠道内。

我们都知道，在酿造葡萄酒的时候，有一个非常重要的环节，那就是破皮。这样寄居在葡萄皮上面的酵母菌就能充分地和果肉、果汁融合，让葡萄更好地发酵。

做面包？酿酒？你肯定会疑惑酵母菌的本领怎么这么大，让我来告诉你答案吧！酵母菌会分解水果或者谷物中的营养成分，同时生成乙醇。乙醇就是酒的主要成分。在这个过程中，还会产生大量的二氧化碳。用酵母菌酿酒的时候，留下的大部分是乙醇，而制作面包的时候恰恰相反，乙醇挥发掉了，二氧化碳会让面团发起来。这时候，我们就会看到小小的面团变大了，面包里面细细密密的小孔正是因为二氧化碳遇热膨胀而产生的。

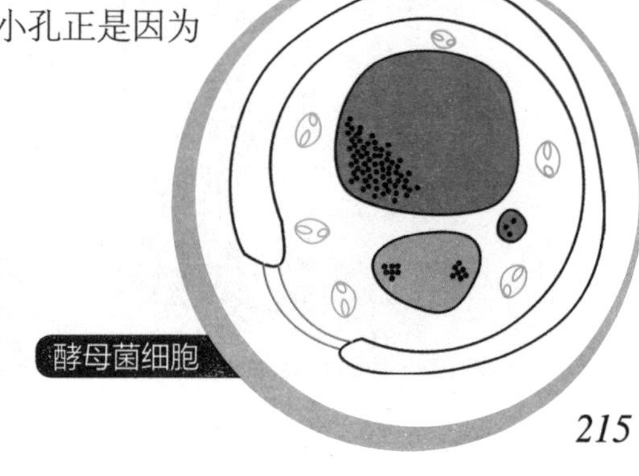
酵母菌细胞

酵母发酵啤酒

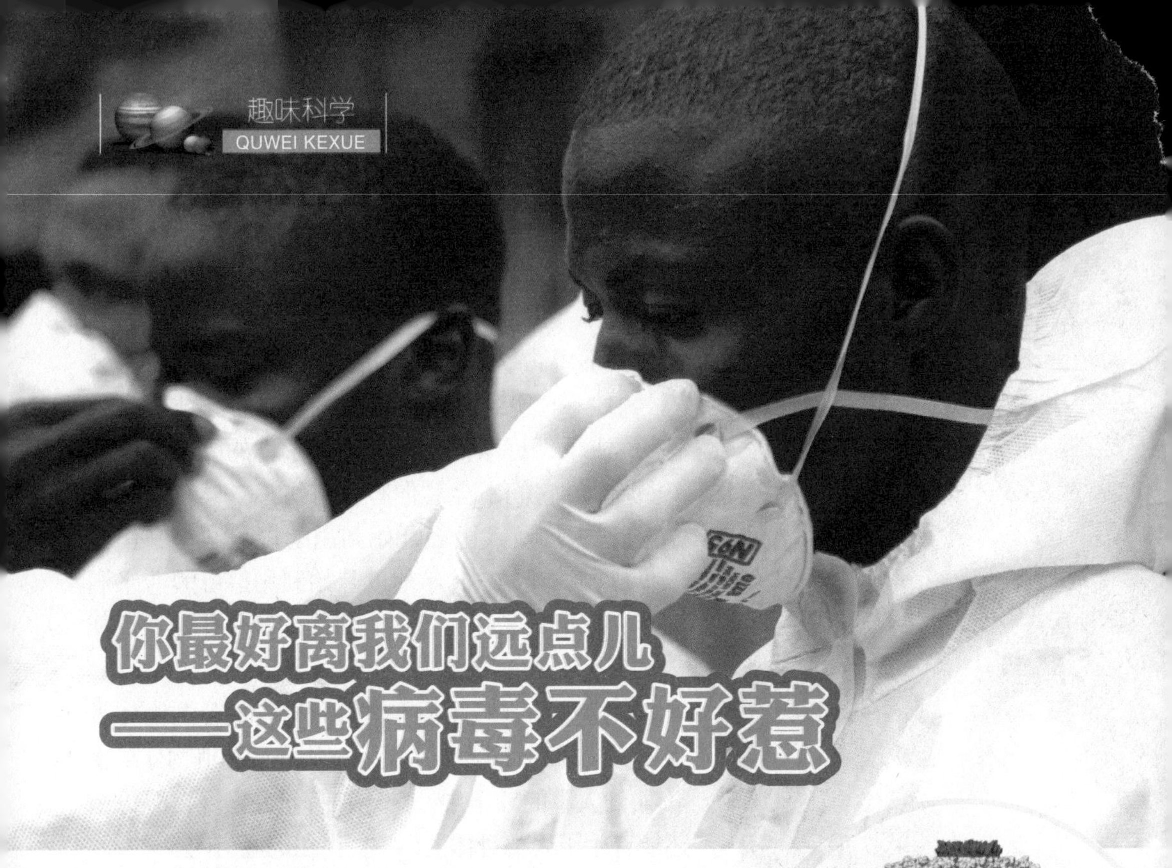

你最好离我们远点儿——这些病毒不好惹

最熟悉的病毒——流感病毒

虽然病毒都是小个子，但是这一群小个子让人类、动植物在面对它们时都手足无措，它们是真真正正的凶神恶煞。瞧，一个普通的流感病毒就在世界上兴风作浪了这么多年，而且还会继续“作恶”下去。

曾于1918年大面积爆发的流感，造成了人类的大恐慌，流感病毒主要侵袭青年，而且致死率非常高——你肯定想象不出来有多少人死于流感病毒手中。1918～1919年，全世界有将近1亿人因患流感而亡。现在，我们依然经常受到流感病菌的迫害，尤其是在冬天。

普通感冒和流行性感冒不一样，一般是由鼻病毒引起的

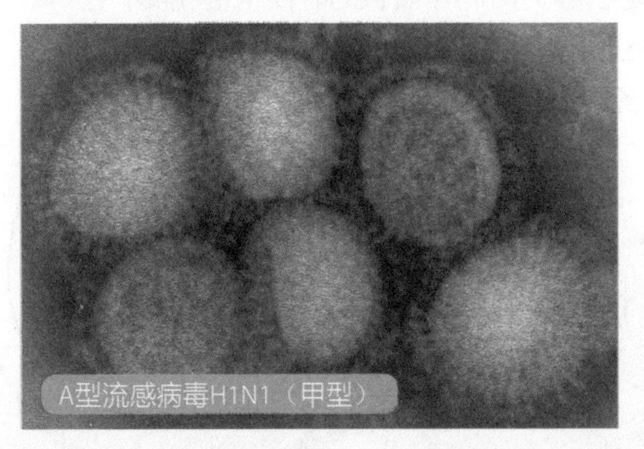

A型流感病毒H1N1（甲型）

现在，请你认真记住流感病毒

的死穴，这样你就不用再害怕它了。流感病毒的传染性非常强，它会通过飞沫传染。但是它的抵抗力比较弱，通常五六十度的高温就能让它很快死亡，在正常的室温下，其传染性也会很快丧失。然而，它比较耐冷，在0℃～4℃的寒冷环境中能存活数周，甚至在-70℃以下的环境里或冻干后依然能长期存活。所以，冬天来了，流感病毒往往非常活跃，这个时候，你可得好好注意哟！

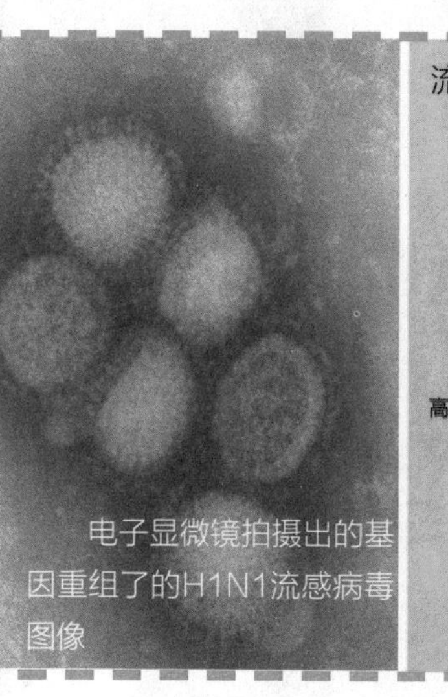

电子显微镜拍摄出的基因重组了的H1N1流感病毒图像

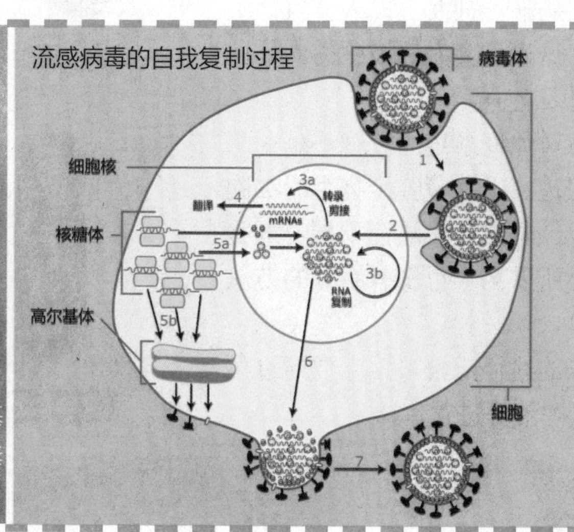

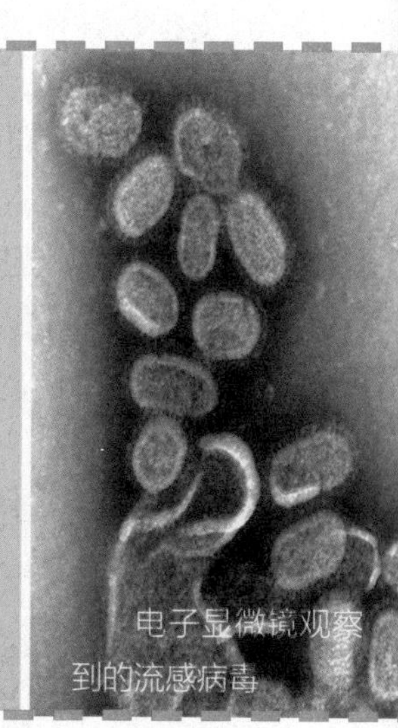

电子显微镜观察到的流感病毒

谈虎色变——让人恐惧的艾滋病毒

我们都听说过艾滋病，它的英文名叫AIDS，它真是让科学家无比头疼的一种病。

虽然大多数科学家都认为艾滋病起源于撒哈拉以南的非洲，但最初它被人类“揪”出来是在美国。艾滋病就是由艾滋病毒引起的。艾滋病毒，英文名叫HIV，1986年科学家给了它一个更直观的新名字——人类免疫缺陷病毒，因此，艾滋病又被称作人体免疫缺陷综合症。

红丝带是国际上用来表示对抗艾滋病的标志

这个名字非常直观地体现了艾滋病的危害。众所周知，免疫系统是人类自身的一道安全防线，而艾滋病毒能通过各种手段损坏人体的免疫系统细胞。人类每天都在和各种疾病、病毒作斗争，而人体的免疫系统是我们最坚实的盔甲，是我们赢得人体保卫战的最大功臣。艾滋病毒会悄无声息地进入盔甲的内部，侵蚀这副盔甲，让它生锈、损坏。这样，当我们面对各种疾病时，就像赤裸裸地站立于刀枪剑戟中，会很容易就受到伤害。免疫系统一旦受损，各种疾病就一拥而上，人体就会出现各种临床症状，这也是艾滋病被称为人体免疫缺陷综合症的原因之一。

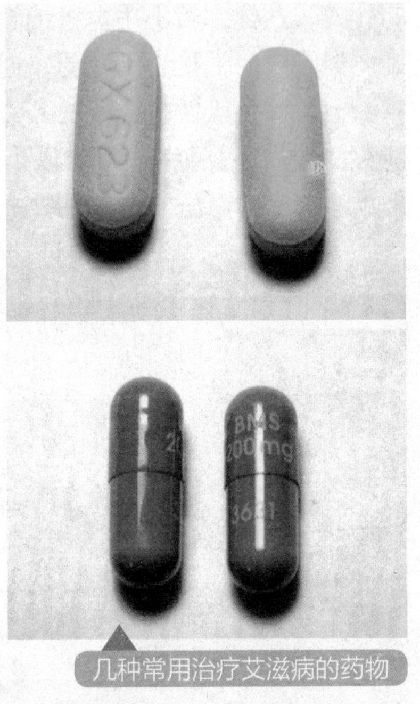

几种常用治疗艾滋病的药物

虽然艾滋病毒对免疫系统的侵蚀不是一两天就能完成的，但是由于它藏匿于宿主的细胞内，科学家往往投鼠忌器，无法在不损伤细胞的状态下消灭它，所以至今也没有有效的方法治疗艾滋病。

艾滋病毒传染的途径比较多，主要通过体液如血液、尿液、唾液等进行传播。

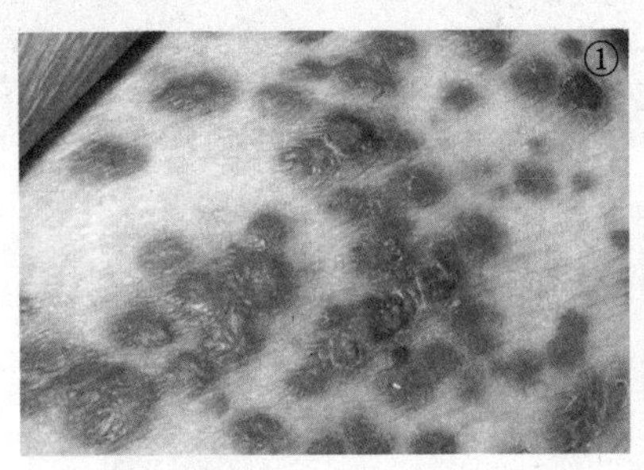

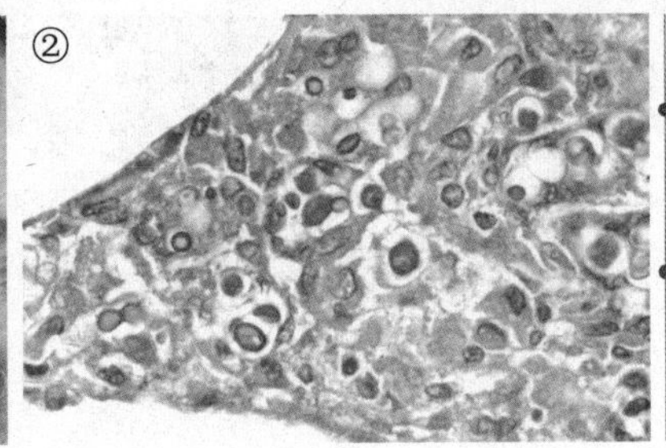

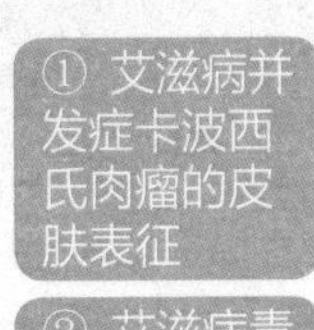

① 艾滋病并发症卡波西氏肉瘤的皮肤表征

② 艾滋病毒感染肺部

正在肆虐的“刽子手”——埃博拉病毒

埃博拉病毒得名于非洲刚果民主共和国埃博拉河，2014年2月，埃博拉病毒再次在非洲大地肆虐，由于极高的死亡率，它几乎成为了死神手中的镰刀。

科学家想尽一切办法在和埃博拉病毒斗争，但目前显示的数据并不乐观——截至2014年底累计发现埃博拉病毒确诊、疑似和可能感染病例接近2万例，死亡接近7000人。这是多么恐怖的数据呀！

埃博拉病毒这个“恶魔”传播的途径非常多，只要接触到患者的体液，就很容易被感染。而一旦被它缠上了，就会出现发热、肌肉疼痛、腹泻和呕吐等

症状，肝肾功能也会大大受损，它还会引起内外出血。出血对人类的威胁非常大，尤其是外出血，全身的孔洞都会流血，即使是不小心扎的一个小伤口也都会流出血来。这个时候，体内的器官已经全部处于坏死糜烂的状态，血液奔涌而出……多么痛苦哇！看到这里，也许你就会理解为什么埃博拉被列为安全生物第四级病毒，同时也被视为生物恐怖主义的工具之一了。

也许埃博拉病毒这个名字对你来说是个新鲜的名词，但是它在1976年就已经被发现了。它刚一出现就侵袭了埃博拉河沿岸的55个村庄，致使当地人们家破人亡、痛苦不堪。1979年，它又侵袭了苏丹，在那次屠杀后，它似乎和人类开起了玩笑，消失匿迹了15年，直到1994年，它又再次出现在加蓬……它似乎每隔一段时间就会出现在人类或者动物中间，用杀死无数生命的方式让人类重视它的存在。科学在发展，世界各国投入了更大的人力、物力在研究此病毒，相信有一天，我们也能像消灭天花病毒一样，宣布埃博拉病毒的死亡！

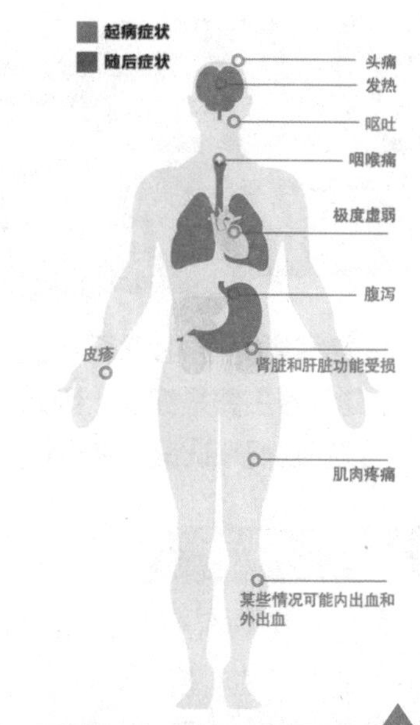

图解埃博拉病毒对人体的杀伤力

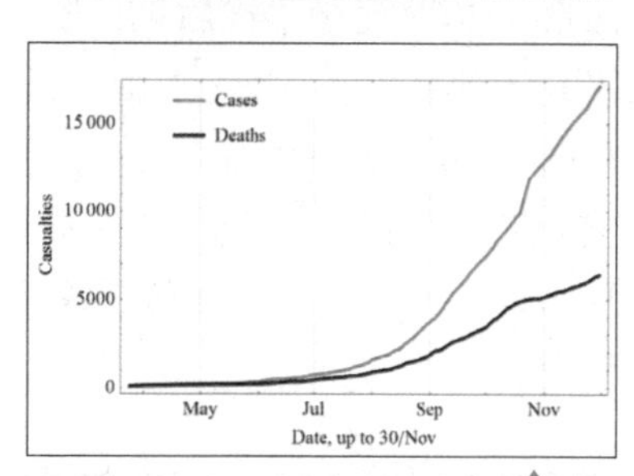

2014年埃博拉出血热症的受感染及死亡人数，随着时间的推移而不断上升

电子显微镜下的埃博拉病毒

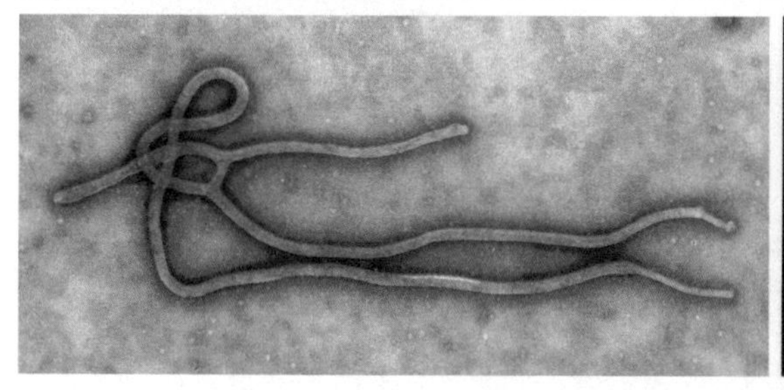

埃博拉病毒详解

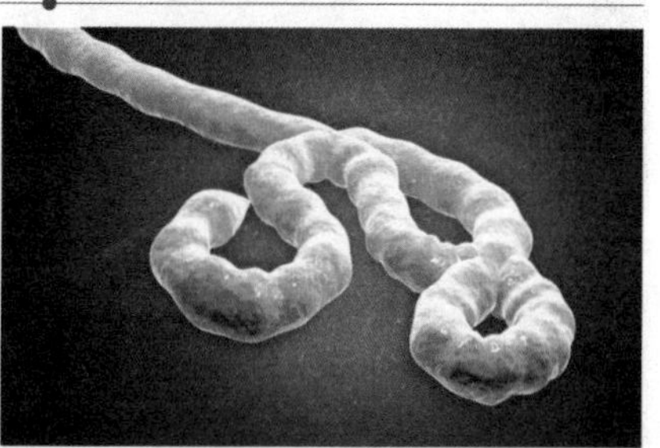

研究室——恐怖的生物武器

当时的人误以为种过牛痘疫苗的人们会长出牛角、牛毛。

生物武器是生化武器中的一部分。20世纪初，生物武器主要是细菌，因此，又叫作“细菌武器”。现在我们来认识几种恐怖的生物武器吧！

炭疽杆菌

炭疽杆菌曾经是著名的致死剂之一。最致命的炭疽是吸入性炭疽，它会引起发热、呼吸困难、疲劳、肌肉疼痛、恶心、呕吐、腹泻和黑色溃疡等病症。20世纪30年代后期，日本科学家在731部队研究所开展了雾化炭疽菌的人体实验。1942年英国军队开始了炭疽菌炸弹实验，污染了整个格鲁伊纳岛。44年后，清理这片区域仍需要280吨甲醛。1979年，苏联无意中释放了雾化炭疽菌，导致66人死亡。

弗朗西斯氏兔热菌

尽管兔热病只有5%的死亡率，但引这种起疾病的微生物却是世界上最易感染的细菌——弗朗西斯氏兔热菌。这种细菌存在于不少于50种生物中，尤其在啮齿目动物，如兔子身上，人类极易受到感染。1941年，苏联出现了约1万例病例。次年，德国围攻斯大林格勒，发病人数徒增至10万。病人出现的症状有发烧、头痛、腹泻、肌肉疼痛、关节痛、干咳和逐渐衰弱等。如果不及时治疗，将会出现呼

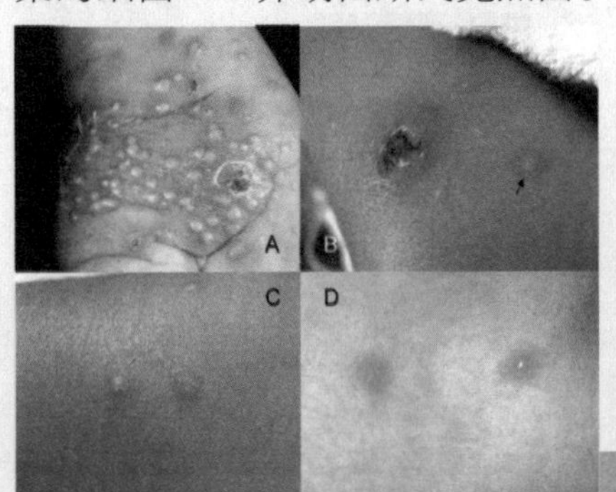

兔热病症状

吸衰竭、休克和死亡。虽然死亡率低，但易传播的特点仍然使弗朗西斯氏兔热菌成为A类生化武器。

鼠疫

14世纪发生在欧洲的黑死病夺走了当时近一半人口的生命，这场浩劫至今仍令世人心有余悸。株鼠疫会导致腹股沟、腋下和颈部周围的淋巴结肿大，并伴有发烧、头疼及疲劳等症状。病症在人感染后2～3天内发作并持续1～6天，如不及时施救，死亡率高达70%。鼠疫感染者（不论生死）都是这种生化武器的有效传播工具。1940年日本向中国空投了带病的跳蚤，引发了鼠疫大爆发。

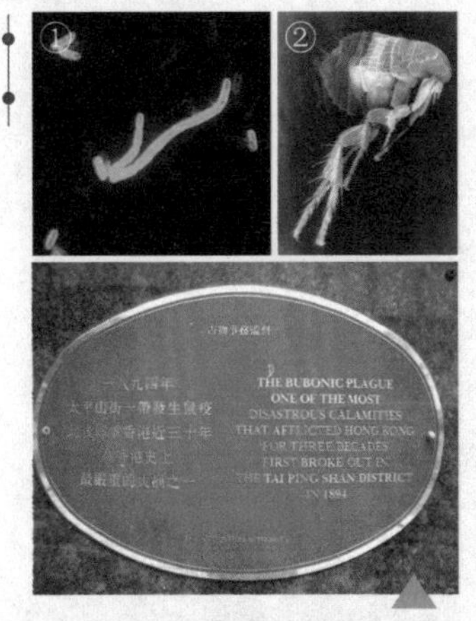

① 放大两千倍的鼠疫杆菌

② 跳蚤传播鼠疫

香港卜公花园内记述鼠疫的纪念碑

天花

说到“生物武器”，我们脑中总会浮现出无菌实验室、生化服和试管中颜色鲜艳的液体。其实在历史上，生物武器总以单调平凡的面貌示人：英国部队将带有天花的毛毡送给印第安部落。美洲当地居民没有碰到过天花，对此也完全没有抵抗力，因此疾病像野火般在印第安部落里蔓延。

天花是由天花病毒引起的，罹患天花的特征有高烧、浑身疼痛以及从水泡发展到疤痕的皮疹。这种疾病的主要传播方式是和感染者的皮肤或体液直接接触，在密闭狭窄的空间里也可以通过空气传播。

1967年，世界卫生组织努力通过大规模接种疫苗消灭天花。结果，自然产生的天花病例在1977年后再未出现。这种疾病从自然世界消除了，但天花病毒的实验室副本仍然存在。

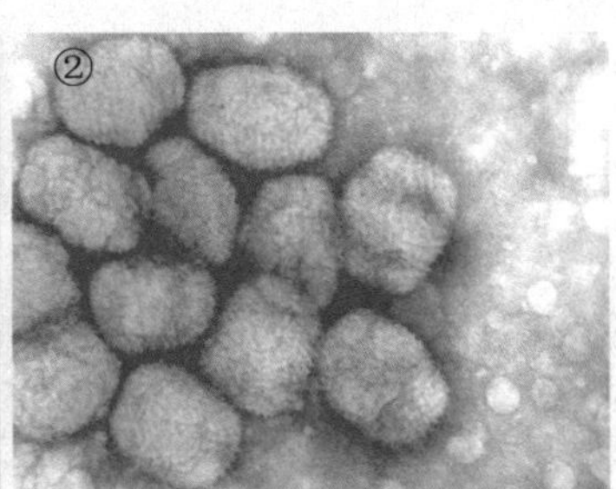

① 天花病毒特写图

② 天花痘

第七章

玩转科技世界

现代人类的生活离不开科技，科技让我们的生活多姿多彩。此刻你正在享受着科技带给你的便利，你感受到了吗？

第一节 聊聊衣食住行这些事

衣食住行是人类生活的基本需要，现在我们去瞧瞧生活中隐藏着哪些科技吧!

小发明，大便利

每天刷刷牙，吃啥啥香

每天早上我们都要使用牙刷，你知道是谁发明了牙刷，什么时候发明的吗?

世界不少古老文明中的人们都有以嫩枝或小木片揉刷牙齿的做法，另一种常见的方法是以小苏打或白垩揉齿。约在公元前1600年，印度与非洲就已出现棕毛牙刷。美国牙医学会的资料表示，中国皇帝明孝宗于1498年把短硬的猪毛插进一支骨制手把上制成牙刷。1938年杜邦化工推出以合成纤维（多数是尼龙）代替动物毛的牙刷，第一支以尼龙纱线做刷毛的牙刷于该年2月24日上市。第一支电动牙刷于1954年被开发出来，由施贵宝制药公司于1959年美国牙医学会一百周年纪念时推出。

肥皂，生活中少不了的清洁剂

肥皂可以用来洗手、洗衣服、洗澡、洗脸……有了肥皂，生活就会干净很多。你知道以前的人们用什么做清洁剂吗？古时候，中国人把猪的胰脏、板油以及碱放在一起捣，然后晒干，人们把这种混合物称作“胰子”，用来洗东西。也有人用清水浸草木灰，把过滤以后的物质用来洗衣服。还有人使用含有皂苷的植物提取物。

古代洗衣皂的主要成分是碳酸钠和碳酸钾。虽然聪明的古人在很早就发现了肥皂的秘密，不过肥皂成为大众用品的历史远没有这么长久。肥皂到19世纪才开始批量生产。

牙刷“伴侣”——牙膏

牙膏是洁齿剂的一种，为膏状或凝胶状，并以长条软管容器保存。当然，牙膏不是唯一的洁齿剂，洁齿剂还有粉末（牙粉）及液体（漱口水）等形态。

牙膏为摩擦剂，用来移除牙齿表面的牙菌斑及食物残渣，协助抑制口臭。牙膏中含有氟化物或木糖醇等活性药物成分，它们可以预防牙龈炎等口腔疾病的发生。刷牙的清洁效果绝大部分是由牙刷的机械作用达成的，而非牙膏。有的牙膏虽然甜甜的，但是你可别把它当零食吃哟！

小小拉链作用大

“嘿，真想把你的嘴巴用拉链拉起来！”当你和朋友们吵架时也许会这样喊叫。那你知道拉链为什么能使东西咬合在一起吗?

一般拉链有两片链带，每条链带上有几十到几百个链牙，两列链牙相互交错排列。中间有一个可以上下滑动的滑楔，两道链牙卡在滑楔内部Y字形的沟槽里。滑楔向Y字形上方滑动的时候把两道链牙绞合在一起，反方向滑动则把它们分开。

现代的拉链是由瑞典裔美国电机工程师吉迪昂·森贝克于1914年发明的。第一次世界大战中，美国军队首次订购了大批的拉链给士兵做服装。拉链在民间的推广则比较晚，直到1930年才被妇女们接受，用来代替服装的纽扣。

微信扫一扫
一起去探索
奇妙的科学世界

很多人都要感谢眼镜

环顾四周，你一定会发现有一大群人都戴着眼镜。偶尔，你捉弄同学，可能会偷偷藏起他的眼镜。这个行为可不值得表扬，因为眼镜对于视力有问题的人来说可是寸步难离的宝贝。眼镜可矫正多种视力问题，包括近视、远视、散光和斜视等。当然，随着眼镜的发展，各种新型的眼镜也不断地被发明出来，如护目镜、太阳眼镜、游泳镜等，它们为眼睛提供了各种保护。

最早的眼镜出现在13世纪的意大利。美国发明家本杰明·富兰克林，身患近视和远视，1784年他发明了远近视两用眼镜。1825年，英国天文学家乔治·艾利发明了一种能矫正散光的眼镜。

眼镜出现在中国是在15世纪。

今天你用吹风机了吗

吹风机是在19世纪被末发明出来的。现代吹风机以电动方式加快空气流动速度以产生风，并带有同时提高空气温度的机械装置。大部分的吹风机都会由发热线吹出热风，加速水分蒸发，但其实冷风对头发的伤害相对较小。

吹风机吹出来的风，是携带较高动能的空气分子，在与水分子碰撞的过程中，动能转移，打断水分子之间的氢键，使其蒸发，头发因而变干。如吹出的是热风，其能量更能加剧空气分子与水分子的震荡与碰撞，并加速蒸发，提高干燥的速度。

洗洗刷刷，干干净净

将泡泡圈沾上泡泡水，深深地吸一口气，对准泡泡圈用力一吹，泡泡就像仙女散花一样满天飞舞。被五颜六色的泡泡团团围住，好美呀！那么，像这种能吹出美丽泡泡的泡泡水，我们能不能自己做出来呢？来吧，大家一起动手来做泡泡水。

泡泡实验室

材料：杯子2只、筷子1双、袋装茶1袋、白糖、开水、洗涤剂

制作方法：

1. 取1只杯子倒入开水，放入袋装茶。

2. 在空杯子里加入1～2匙白糖，倒入一些洗涤剂，倒入茶水，用筷子搅拌一下，又卫生又环保的超级泡泡液就制作好了，用这种泡泡水吹出的泡泡大而且不易破。

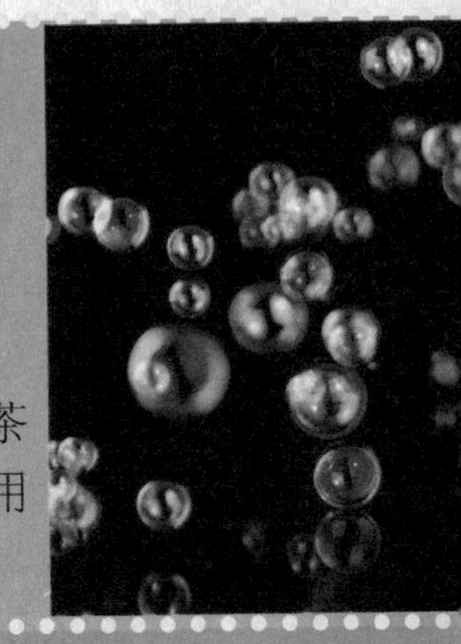

洗衣粉中的泡泡从哪里来

看到这些泡泡，是不是有种似曾相识的感觉呢？在妈妈洗衣服时，洗衣粉遇到水之后，就会产生很多泡泡。那你知道洗衣粉溶于水中，为什么会产生很多泡泡吗？

原来洗衣粉的去污性主要在于其所含的表面活性剂，它既有亲水性又有亲油性，亲油性使它可以吸附衣物上的油污，搓揉使得亲水端与水接触，污渍从而溶于水中，使衣服变得干净。因为表面活性剂也是很好的发泡剂，所以会起泡。但是，起的泡泡越多，并不代表洗衣粉的去污能力就越强。

正确使用洗衣粉

1. 洗衣粉是必不可少的生活用品。在使用洗衣粉时，我们也要注意安全。千万不要把洗衣粉当“万用清洁剂”用，虽然它有去污、消毒、杀菌的作用，但不能用来说瓜果、蔬菜、餐具等。洗衣粉不能进入人体，即使少量的洗衣粉，也会对人体造成危害。

2. 洗衣粉别与消毒液混用。许多妈妈在用洗衣粉洗涤衣物时，都喜欢加点儿消毒液。认为这样洗衣服的同时也可以消毒，但这种洗衣法恰恰可能会使清洁和消毒的效果都大打折扣。洗衣粉和消毒液的成分不一样，如果将两者混合使用，很容易发生中和反应，使各自的功效减弱。

挑选洗衣粉的妙招

现在市场上的很多洗衣粉都添加了一些新的成分，具有了更多更强的洗涤功能。但洗衣粉中添加的物质多，对我们的健康可不是什么好事。因此，在购买洗衣粉时要尽量选功能单一、添加成分少、气味淡的。从环保角度讲，最好选择对水质污染小的无磷洗衣粉。

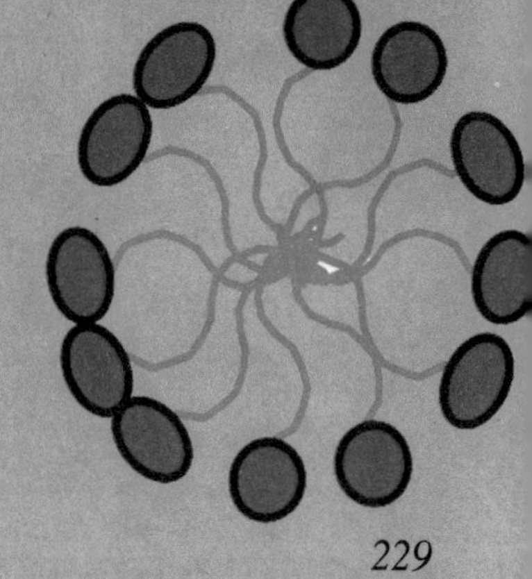

人人家里

小小风扇，送走夏日炎热

在夏季，电风扇是人们生活的好伴侣，即使在空调已经非常普及的大城市，电风扇仍未被完全淘汰。

机械风扇起源于1830年，一个叫詹姆斯·拜伦的美国人从钟表的结构中受到启发，发明了一种可以固定在天花板上，用发条驱动的机械风扇。它的缺点是需要人爬上梯子去上发条，十分麻烦。1880年，美国人舒乐首次将叶片直接装在电动机上，再接上电源，世界上第一台电风扇就此诞生了。

近几十年来，电风扇有了飞速的发展，设计更巧妙，款式更丰富，功能也更多，如冷气风电风扇、无噪声电风扇、灯头电风扇、四季电风扇、火柴盒电风扇等。

都有它们

电视机，把快乐传递到你的身边

放学后回到家，打开电视机，一手握住遥控器，翻看自己喜欢的节目，这样的生活是不是让你感到十分快乐呢？要是哪天突然看不到电视了，你一定会不习惯吧！那么我们一起来了解一下电视机的“前世今生”吧！

实际上，电视机并不是某个人的发明创造，而是一大群位于不同历史时期和国度的人们的共同结晶。早在19世纪，人们就开始讨论和探索将图像转变成电子信号的方法。1925年，苏格兰工程师约翰·洛吉·贝尔德制造出第一台能传输图像的机械式电视机，这就是电视机的雏形。1930年，第一台电视机投放市场，约翰·洛吉·贝尔德将这个装置命名为“电视接收器”。

为救总统而发明的空调，惠及众人

商场里，空调品种繁多，琳琅满目。不过关于空调的来历，还有一个小故事，你一定没听过吧！

1881年7月，美国总统遭遇枪击，为实施手术，医生提出了必须降低室温的要求。一位工程师接受了这个任务。他几经探索之后发现：空气一经压缩就会放出热，如果把经过压缩的空气还原，就会产生冷却效果。

经过不懈努力，这位工程师成功了，他发明的空调机很快便风靡全球，从而为全人类造福。

冰箱，让生活有更多的可能性

冰箱箱体由结构件和绝热材料组成，它们形成空间以贮存食品，并防止内外热量传递。箱体一般包括外箱、内胆、绝热层等。冰箱是家家户户不可缺少的家电，那么，冰箱有什么作用呢？

其实，这个问题再简单不过了。没有冰箱，在炎热的夏天，食物很快就会坏掉；没有冰箱，想要长期在家存些冰激凌，就没有可能了……瞧，冰箱在生活中扮演了多么重要的角色，现在你能想象家里没有冰箱的日子是什么样的吗？

哦！忘了告诉你冰箱的作用的标准答案，其实很简单——它的作用就是保鲜制冷。

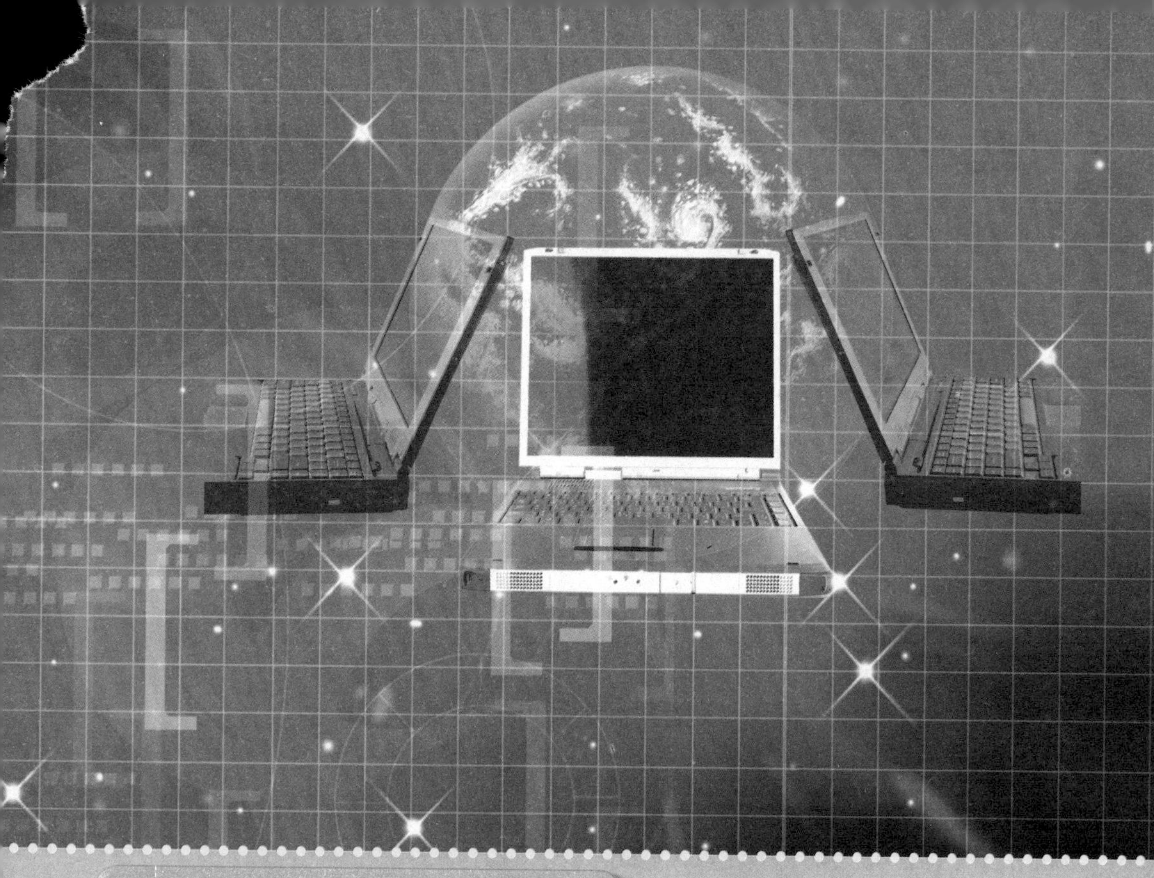

电脑，把世界带到你面前

计算机是在20世纪40年代被研发出来的，早期计算机的体积足有一间房屋那么大，经过几十年的发展，计算机的体积不断缩小，直到80年代微型计算机出现，计算机这被普遍地运用到工作和生活中。发展到现在，某些嵌入式计算机可能比一副扑克牌还小。电脑的发展速度快得惊人，现在它已成为人们工作的必备设备，并走进了千家万户。

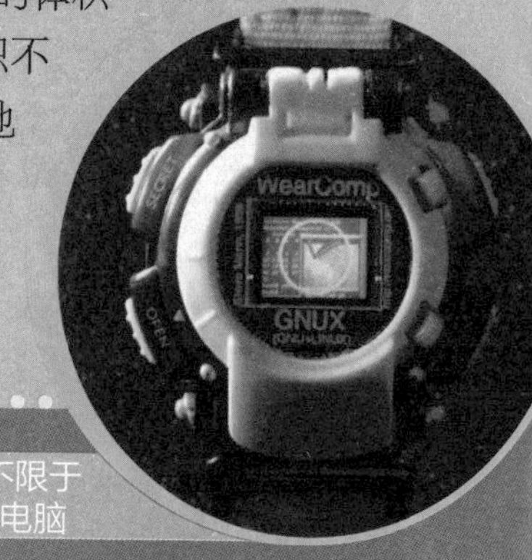

电脑也可以很小，不限于一般所指的PC个人电脑

电脑几乎渗入了每一个行业，电脑的功能数不胜数，资源快速共享、信息处理和传播……或许很多功能我们都还不是很了解，但是这并不妨碍电脑为我们服务。

星星点灯，照亮你我的世界

火就是灯

远古时代，原始人没有照明的器具，也缺少火种。晚上，他们在黑暗的环境中艰难度日。黑夜从来就不是人类的朋友，它桎梏着先人们原本低级的生存活动，也为野兽对人类的侵袭制造了可乘之机……

然而，这一切随着火的广泛使用而发生了翻天覆地的变化：火，驱散了虫豸和野兽，也消减了人们内心深处的恐惧和忧患。同时，人类渐渐有意识地保存火源，用来照明。最早的篝火就是我们先人发现的第一盏灯。

钻木取火

火给人类带来生机

油灯到煤气灯的大转变

新石器时代，出现了以油脂为燃料的油灯，虽然灯具在不断变化，但是燃料的本质没有改变。可能有的小朋友会想到蜡烛，但是你知道吗，蜡烛也是凝固的油脂。人们用油脂照明，延续了很长时间。直到1745年，人们制造了煤油灯，不久又出现了煤气灯。当然，煤油灯或煤气灯的使用时间并不长，很多小朋友可能都不认识它们。

不管是油灯还是煤气灯、煤油灯，都有很大的不足。首先是它们燃烧时会散发出浓烈的黑烟和刺鼻的臭味，并且要经常添加燃料，擦洗灯罩，因而很不方便。更严重的是，这种灯很容易引起火灾，酿成大祸。多少年来，很多科学家想尽办法，想发明一种既安全又方便的灯。

古代的油灯

煤油灯

煤气灯

电灯的问世

19世纪初，英国一位化学家用2000节电池和两根炭棒，制成了世界上第一盏弧光灯。但这种灯光线太强，只能安装在街道或广场上，普通家庭无法使用。无数科学家为此绞尽脑汁，想制造一种价廉物美、经久耐用的家用电灯。

这一天终于到来了。1879年10月21日，一位美国发明家通过长期的反复试验，终于点燃了世界上第一盏有实用价值的电灯。从此，这位发明家的名字，就像他发明的电灯一样，走入了千家万户。他就是被后人赞誉为“发明大王”的爱迪生。

电灯的问世是照明史上的一大飞跃，它干净环保，相对来说比较安全，照明度也很高，为人类的生活带来了很大的便利。

层出不穷的灯

随着时代的进步，灯的制作技术发展得越来越快，种类也越来越齐全。不仅有照明灯，还有装饰灯、警示灯等。其中，日常见到的油灯、壁灯、路灯等都属于照明灯。装饰灯主要有霓虹灯、灯笼等。警示灯就是我们平时所见到的航标灯、红绿灯、警灯等。此外，有无影灯、探照灯、追光灯等。

随着科学技术的不断发展，灯也逐渐向多样化、节能化方向发展，相信未来，我们的世界会因灯的点缀而变得更加多姿多彩。

灯的作用更加广泛

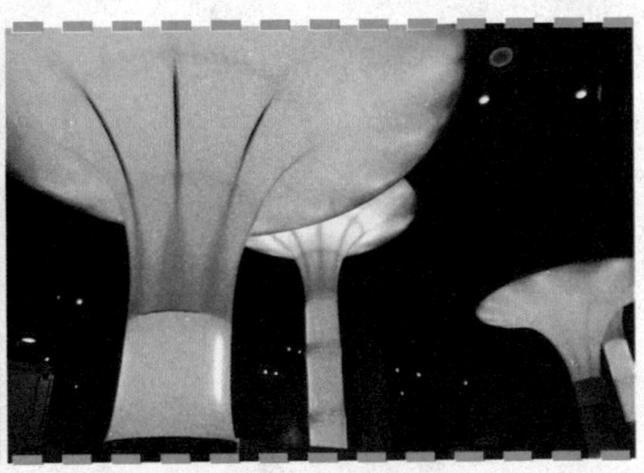
电灯的装饰作用很好

灯中的“新贵”

目前最节能的灯是LED灯。白光LED的能耗仅为白炽灯的1/10，节能灯的1/4。LED灯的寿命非常长，可达10万小时以上，对普通家庭照明可谓“一劳永逸”。LED灯耐用又方便运输，还没有汞害，方便回收，比一般的灯好用多了。不过它的价格可比一般灯贵许多哟！

南京玄武湖的LED灯

第二节
科技改变世界

科技正在改变人类的生活，改变着我们的世界，你感受到了吗？

多种多样的声音

每一天，我们都可以听到各种各样的声音，你有没有研究过声音呢？接下来，就让我们一起了解一下声音吧。

耳朵是个接收器

物体震动才能发出声音，声音会在空气中以声波的形式传播。当你的耳朵——声波的接收器接收到了声波，声波会振动内耳的听小骨，这些振动被转化为微小的电子脑波，你就听到了声音。当然，这是有条件的：首先你不能离发声的地方太远，要在声波能够传达到的范围之内；其次，声音要能被听到，还要达到一定的响度。

耳朵结构图

嘿，你的分贝有点儿大

当你和同学们吵吵闹闹，尖叫大笑的时候，总会有老师在后面提醒：“分贝小点儿，别打扰别人！”你一定马上就降低声音了，因为你知道这是老师嫌你们太吵了。看来，你应该知道分贝越大声音就越大的科学原理。确实，分贝是声音响度单位，就像米是长度单位一样。1米有多长，我们大概都知道，那么1分贝的声音有多响亮，你知道吗？

分贝的级别

分贝指数	耳朵接收情况	声音例子
0	勉强可听见的声音	微风吹动树叶的声音
20	低微的呢喃	安静的办公室里的声音
40	耳朵能够正常接收的声音	钟摆的声音、一般谈话声
80	稍微有点儿吵闹	热闹街道上的声音
100	较刺耳	火车的噪音、尖锐的警笛声
120	非常刺耳，长时间接触对耳朵有伤害	飞机的引擎声、站在摇滚乐队演唱会音响前听到的声音
140	耳朵立即感觉疼痛，接触的时间不论长短都会带来伤害	飞机起飞的声音
160	对耳朵伤害极大，有可能造成暂时或永久性听力丧失	烟火、步枪、手枪（距离1米内）发出的声音
180	可造成无法逆转的损伤，丧失听力是无可避免的	火箭发射台的声音

备注：0分贝的标准设定，是根据听力正常的人所能听到的最小声音厘定的。每增加10分贝，强度增加为10倍，增加20分贝，强度增加为100倍。

用处很大的超声波

简单说来，任何声波或振动，其频率超过人类耳朵可以听到的最高值20000赫兹，就叫作超声波。超声波被广泛应用于工业、军事、医疗等行业。在工业上，常用超声波来清洗精密零件，原理是利用超声波在清洗液中产生震荡波，使清洗液瞬间产生小气泡，从而冲洗零件的每个角落。军事上，潜艇用声呐来发现敌军的舰船与潜艇。在医疗上，可以利用超声波进行洗牙和碎胆结石等。

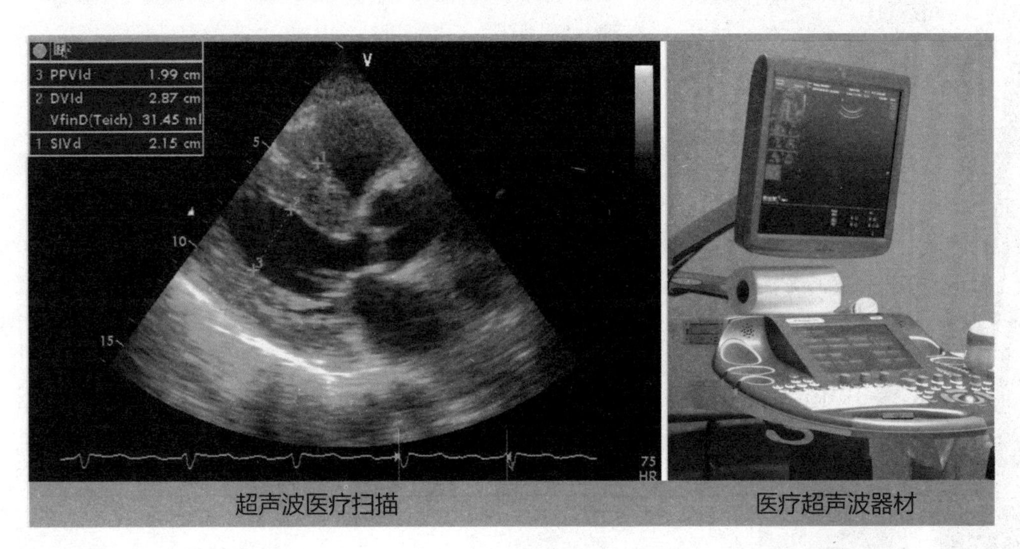

超声波医疗扫描　　医疗超声波器材

被误解的次声波

次声波是指频率小于人类耳朵可以听到的最低值20赫兹，但是高于气候造成的气压变动的声波。火山爆发、龙卷风、雷暴、台风等许多灾害性事件发生前都会产生次声波，人们就可以利用这种前兆来预知灾害事件的发生。但是，千万不要以为次声波只会预示灾难的到来。在军事上，可以利用核试验、火箭运行等产生的次声波获得相关的数据。

次声波监测站

噪声危害大

随着社会的进步，噪声污染已经成为突显的问题。据调查，噪声每上升1分贝，高血压发病率就增加3%。噪声影响人的神经系统，使人急躁、易怒，亦会影响睡眠。噪声可以令人从睡眠中醒来，扰乱睡眠周期，造成睡眠不足。60～70分贝的噪声会干扰学习，120分贝(甚至更高)会导致耳痛，甚至听力丧失。所以，在我们利用声音的同时，也要注意避免制造噪声，避免噪声带来的危害。

光的魔术

为什么“红灯停，绿灯行”

你知道为什么规定用红灯作为停车的命令吗？你也许会认为红色鲜艳，人的眼睛对红色很敏感。这可以算是一个原因，还有一个更重要的原因是红光在空气中的穿透能力强，传得远。要是你不相信，那就和我们一起动手，做做下面的小实验吧。

实验室

实验准备：长方形的水槽或者鱼缸、水、牛奶、搅拌棒、镜子、有圆孔的纸片。

实验步骤：1.在水槽或者鱼缸里放入适量的水。

2.在水中注入一点儿牛奶，用搅拌棒搅拌均匀。

3.选择在一个适当的角度放置一面镜子，利用镜子来反射阳光。

4.使阳光通过纸片上的圆孔水平地穿过水槽。

实验结果：迎着光束观察，你会发现，光的颜色变成了橘红色。这说明，悬在水里的小牛奶滴把阳光里其他颜色的光散射掉了，只余下橘红色的光穿过来。

实验原理解析：空气中弥漫着大量细小的灰尘，对光有一定的阻挡作用。但是波长不同的光受到阻挡的情况不同。在七色光中，红光的波长最长，所以它们很容易“绕过”这些微尘而不受到散射；而波长短的蓝光和紫光则容易被散射掉。太阳落山的时候，我们看到火红的太阳也是这个道理。

实验外知识拓展：比红光的波长更长的光线叫作红外线。这种光线更容易穿过大气层，虽然用肉眼看不见它，但可以通过仪器看到它。通过红外线可以“看”到其他行星表面的情况，天文学家用红外线望远镜可以知道关于这些行星的更多的事情。

马路上的海市蜃楼

晴朗的天气里，你驱车或步行在野外的水泥公路上，当你极目远望，会发现远处路段呈现出一片白亮，在白亮中，还清晰地出现更前方汽车穿梭的倒影，连车窗玻璃的反光都刺目可辨，若前方的路面有起伏，你甚至可以观察到几条这样的亮带，这就是马路蜃景。

马路蜃景是如何形成的呢？原来，在阳光的照射下，路面温度很高，使贴近路面的空气层变得稀薄，以致远处景物的反射光在射向路面热气层时，会发生折射，这折射的光进入人眼，就引起以上的视觉效果。

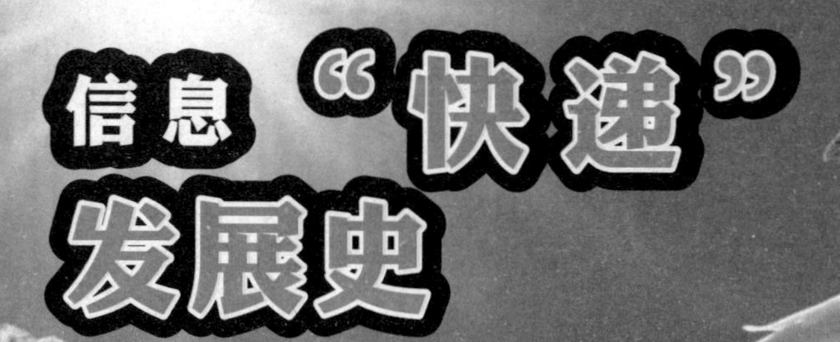

如果有紧急的事要联络别人，最快的联系方式一定是拨打电话了！随着现代社会的进步，几乎人人都有电话，可是在电话出现之前，人们是怎么实现远距离沟通的呢？

符号时代的烽火、风筝等——当时的通讯靠它们

其实，在我们的祖先还没有发明文字和使用交通工具的时候，人们就已经能够互相通信了，他们运用各种方式传递信息。让我们惊叹他们的智慧，感受这些发明、发现的力量吧。

在战乱纷争的年代，点燃“烽火”是中国诸多朝代传递边疆军事情报最有效的通信方法。在边防军事要塞或交通要冲的高处，每隔一定距离建筑一座高台，称烽火台。烽火台既是军中的雷达，又是发报机。当发现敌人入侵时，高台上的驻军就点燃柴草以“燔烟”“举烽”报警。一台燃起烽烟，邻台也跟着举火，逐台传递数千里，以便调兵遣将、克敌制胜。

风筝也是早期的一种传信工具

烽火楼

长城上的烽火台

烽火从商周开始，到明清结束，流传几千年之久。同样，风筝、灯塔等，也在中国古代通信中扮演过重要的角色，虽然这种传递方式没有使用任何文字与语言，但根据人们相互约定的规则，它们能够很好地传递信息，起到指示、预警的作用。

书信时代的飞鸽、快马——它们的力量不可小觑

文字发明后，书信就成了中国乃至世界最重要的通信方式。我国古代民间有多种通信方式，基本都与交通工具有关。比如把书信塞到竹筒里顺流而下，叫“竹筒传书”；绑到鸽子腿上叫作“飞鸽传书”；让人骑着快马送信叫“快马传书”。

信鸽在中国的历史颇为悠久，中国人在驯化动物或利用动物上的天赋的确堪称世界一流。但鸽子毕竟不是《哈利·波特》中的猫头鹰，它也有局限性，比如半途被猎杀，或遭遇恶劣天气而不能及时送信。所以，信鸽大多为古时非主流的军用通信工具，到了现代完全变成了“赛事用品”。

中国古代主流的书信传递方式是“快马传书”，如同现代邮政一样，但当时的交通工具不可能为一两个普通百姓专门传送信件，只有王侯大臣、皇亲国戚等才能享受这种一对一的“快递”服务。

电音时代的电话、电报——速度越来越快

在美国波士顿法院路109号的门口。钉着一块青铜板子，上面用醒目的金字写着："1875年6月2日，电话在这里诞生。"

电话发明前，电报已经发明了，但电报有很大的局限性，它只能传达简单的信息，而且要译码，很不方便。1873年，贝尔开始研究在同一线路上传送许多电报的装置，并萌发了利用电流把人的说话声传向远方，使远隔千山万水的人能如同面对面一般地交谈的念头。于是，贝尔开始了电话的研究。终于在1875年，他成功地发明了电话。

百变汽车，闪耀你的眼球

在一个多世纪的演变过程中，汽车的形状也经历了几个时代的变迁。从粗糙的“马车”到火柴盒般的箱形汽车，再到很卡通的甲壳虫汽车，还有船形、鱼形、楔形汽车，汽车的身材越来越好看，线条越来越美。说到这里，你对汽车的形状有没很有好奇呢？让我们来一探汽车造型的演变历程吧！

“马车”的年代

如今，有了汽车，我们的生活真是方便了不少。在古人看来，日行千里是神仙的本事，现在日行千里已不在话下！汽车发明时间并不长，19世纪末20世纪初，世界上相继出现了一批汽车制造公司，如今闻名世界的福特公司、劳斯莱斯公司、标致和雪铁龙公司等，都是在那个时间纷纷成立起来的。当时，大家都处在摸索阶段，可以说是站在同一个起点。所以，当时的汽车外形基本很统一：沿袭了马车的造型，有4个轮子，门窗也没有，看起来和原来的马车差别不大，因此，当时人们把汽车称为“马车”。它的方向盘并不是圆形的，而是两个手拉杆。由于当时的汽车并没有挡风玻璃，驾驶人在开汽车之前，都要“全副武装”，以免被飞沙走石伤到。

1886年，世界上第一辆汽车诞生

箱形汽车的年代

马车型汽车的车室是开放型的，很难抵挡风雨的侵袭。几经探索，美国福特汽车公司推出了一款新型的福特T型车，这种车的车室部分很像一只大箱子，并装有门和窗，人们把这类车称为“箱形汽车”。

箱形汽车结构紧凑、坚固耐用、容易驾驶、价格低廉，一经问世便受到人们的欢迎，并以产量之高而著称于世。一时间福特T型车成为了炙手可热之物，人人以能拥有一台福特T型车而自豪。1915年，福特T形车的年产量达到30万辆，当时美国汽车总产量的70%～80%。

流线形汽车

随着生活节奏的加快，人们对车速的要求也越来越高。作为高速车来讲，箱形汽车是不够理想的，因为它的阻力太大，降低了汽车前进的速度。所以，人们又开始研究一种新的流线型汽车。流线型车身的大量生产是从德国的“大众”开始的。保时捷博士设计了一种类似甲壳虫外形的汽车，他最大限度地发挥了甲壳虫外形的长处，使该款车成为同类车中之王，甲壳虫也成为该车的代名词。由于第二次世界大战，甲壳虫汽车直到1949年才真正大批量生产，并开始畅销世界各地，并以一种车型累计生产超过2千万辆的记录著称于世。

船形汽车

福特汽车公司在1949年推出具有历史意义的新型的福特V8型汽车——船形车。船形车改变了以往汽车的造型，使前翼子板和发动机罩、后翼子板和行李舱罩融于一体，大灯和散热器罩也形成一个平滑的面，车室位于车的中部，整个造型很像一只小船，所以人们把这类车称为“船形汽车”。

船形汽车不论从外形上还是从性能上来看都优于甲壳虫形汽车。从50年代开始一直到现在，许多大型车或者中、小型车都采用了船形车身，从而使船形车成为世界上数量最多的一种车。

鱼形汽车

船形汽车尾部过分向后伸出，形成阶梯状，在高速行驶时会产生较强的空气涡流。为了克服这一缺陷，人们把船形车的后窗玻璃逐渐倾斜，倾斜的极限即成为斜背式。由于斜背式汽车的背部像鱼的脊背，所以这类车被称为“鱼形汽车”。鱼形汽车基本上保留了船形汽车的长处，车室宽大，视野开阔，舒适性好，另外鱼形汽车还增大了行李舱的容积。但是鱼形汽车由于

后窗玻璃倾斜太甚，面积增加约两倍，强度下降，产生结构上的缺陷，人们想了许多解决方法，例如在鱼形车的尾部安上一只翘翘的“鸭尾”，以克服一部分扬力，这便是“鱼形鸭尾”式车型。

楔形汽车

1963年，司蒂倍克·阿本提第一次设计了楔形小客车。楔形车在高速汽车设计方面已接近于理想的造型。现在世界各大汽车生产国都已生产出带有楔形效果的小客车，这些汽车的外形清爽利落、简洁大方，具有现代气息，给人以美的享受。未来小客车的造型必然是在楔形车的基础上加以改进。例如，把前窗玻璃和发动机罩进一步前倾，尾部去掉阶梯状。车窗玻璃和车身侧面齐平，形成一个平面，后视镜等将通过合理的造型，取得最低的风阻力，或者由车内的电视屏幕来代替。

总之，未来的汽车的造型将发展得更为平滑、美观、流畅，如果你对汽车感兴趣的话，不妨也构想一下。

研究室——抢眼的科技发明

科技发明在给我们的生活带来极大便利的同时，竟然也让一些看似不可能的事情成为现实！下面我们来看一下这些“脑洞大开”的发明吧！

重力灯：给点儿重量就发光

这项发明意义重大，能够为全球15亿生活在缺少电网的地方的人照明，尤其适合发展中国家使用，所以《大众科学》和《时代》都将其选为年度发明。

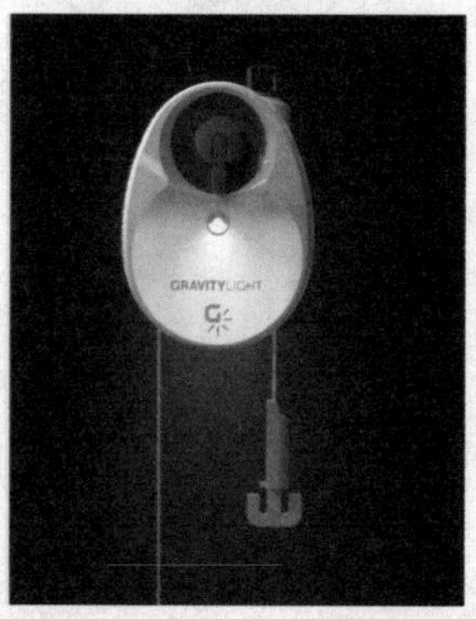

使用重力灯并不复杂：先将装置挂起来，往配套的口袋中装入约30斤重的土、石或其他重物，把口袋挂在一条打孔带上，袋子的重力慢慢地拉动打孔带，带动一系列齿轮驱动一个小马达，为一盏LED灯持续提供电能。发明者称，为升起沙袋拉绳子3秒钟可使LED灯泡发光长达30分钟。

“盗梦记忆术”：消除不好的记忆

美国麻省理工大学科学家借用“盗梦空间”这个概念，将该研究称作“盗梦计划”。通过追踪和触发与记忆相关的脑细胞，科学家成功地为实验鼠移植了一个假记忆，让老鼠产生自己曾在某一个地方接受刺激的错觉反应，而实际上，

① 盗梦记忆术的理念让盗梦空间成为现实

② 盗梦记忆术进入人的梦境

它是在另一个地方受到刺激的。研究者称，这项研究在未来能帮助那些患有抑郁症、创伤后应激反应障碍的人消除或减轻痛苦的记忆。

人形机器人：会用螺丝刀的“大力神”

2013年7月，波士顿动力公司为美军研制的世界最先进的类人机器人“阿特拉斯”亮相。它身高1.9米，体重150千克，身躯由头部、躯干和四肢组成，“双眼”是两个立体感应器，有两只灵巧的手，能够像人一样直立行走，能单腿站立。它具有超强的能力，能够使用螺丝刀等工具，能在实时遥控下行动自如地穿越崎岖复杂的地形，能开门、爬楼梯等。发明者希望这一机器人将来能够像人类救援者一样，在灾难发生后的危险环境中进行救援工作。

阿特拉斯是世界上最先进的人形机器人

外骨骼机械服：让瘫痪者“重新行走”

一名41岁的前以色列伞兵凯奥夫在瘫痪20年之后，竟然借助一种神奇的机械服装置重新站立了起来。他不仅能像正常人一样在大街上走路，并且能独自爬楼梯。这种神奇的外骨骼机械服被命名为“重新行走”，是由以色列亚戈医学科技公司创始人艾米特·高弗尔发明的。高弗尔在1997年的一场事故中身体瘫痪，此后，他潜心研究出了这一款能帮助瘫痪患者重新行走的高科技装备。遗憾的是，由于高弗尔的双臂功能并不健全，所以，他本人并不能享用自己的发明。

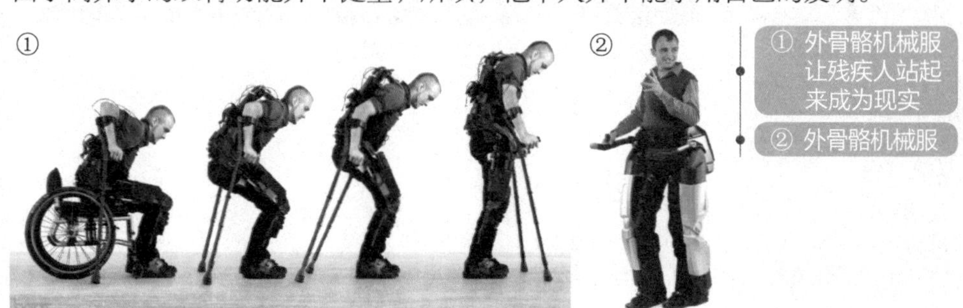
① 外骨骼机械服让残疾人站起来成为现实
② 外骨骼机械服

读者反馈卡

感谢您购买《趣味科学》，祝贺您正式成为了我们的“热心读者”，请您认真填写下列信息，以便我们和您联系。您如有作品和此表一同寄来，我们将优先采用您的作品。

读 者 档 案

姓名________________ 年级____________________

电话________________ QQ号码________________

学校名称______________________________________

班级________________ 邮编____________________

通信地址____________省____________市（县）____________区

（乡/镇）__________________街道（村）

任课老师及联系电话___________________ 课本版本___________

您认为本书的优点是____

您认为本书的缺点是____

您对本书的建议是____

____

您在使用过程中发现的错误，可另附页。

联系我们：北教小雨文化传媒（北京）有限公司

地址：北京市北三环中路6号北京教育出版社

邮编：100120

联系人：北教小雨编辑部

联系电话：010-58572825

邮箱：beijiaoxiaoyu@163.com

*此表可复印或抄写寄至上述地址

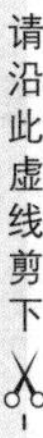

小小探险家们

一起去探索有趣的科学世界吧

本书专属二维码：为每一本正版图书保驾护航

❶ 扫码获得正版专属资源

微信扫描下方二维码，获得正版授权，即可领取专属资源

盗版图书可能存在内容更新不及时、印刷质量差、版本版次错误造成读者需重复购买等问题。请通过正规书店及网上开设的官方旗舰店购买正版图书。

❷ 智能阅读小书童为您严选以下专属服务

嘿！小朋友们！**快来观看·科普一下**，这里可以有趣的科普动画与音频向你展现丰富多彩的科学世界

除此之外，还有：

- ★**科学游戏推荐**：在游戏中培养科学兴趣
- ★**探秘科学家**：带你了解科学家的故事
- ★**科普推荐&精选博物馆**：助你解锁科学世界的多重打开方式

❸ 操作步骤指南

微信扫码直接使用资源，无需额外下载任何软件。如需重复使用，可再次扫码。

微信扫一扫

让智能阅读小书童带你探秘有趣的科学世界